机器人进阶系列

初学机器人

（原书第2版）

はじめてのロボット工学（第2版）
製作を通じて学ぶ基礎と応用

[日] 石黑浩（Hiroshi Ishiguro）
[日] 浅田稔（Minoru Asada）　著
[日] 大和信夫（Nobuo Yamato）
申富饶 于僡 译

Original Japanese Language edition
HAJIMETE NO ROBOT KOGAKU (DAI 2 HAN) – SEISAKU WO TSUJITE MANABU KISO TO OYO–
by Hiroshi Ishiguro, Minoru Asada, Nobuo Yamato

Published by Ohmsha, Ltd.
Chinese translation rights in simplified characters by arrangement with Ohmsha, Ltd.
through Japan UNI Agency, Inc., Tokyo

北京市版权局著作权合同登记　图字：01-2021-3030 号。

图书在版编目（CIP）数据

初学机器人：原书第 2 版 /（日）石黑浩，（日）浅田稔，（日）大和信夫著；申富饶，于僡译. —北京：机械工业出版社，2023.3
（机器人进阶系列）
ISBN 978-7-111-72630-2

Ⅰ.①初…　Ⅱ.①石…②浅…③大…④申…⑤于…　Ⅲ.①机器人－基本知识
Ⅳ.① TP242

中国国家版本馆 CIP 数据核字（2023）第 028879 号

机械工业出版社（北京市百万庄大街 22 号　邮政编码 100037）
策划编辑：王　颖　　　　　　责任编辑：王　颖
责任校对：龚思文　王　延　　责任印制：郜　敏
三河市宏达印刷有限公司印刷
2023 年 5 月第 1 版第 1 次印刷
165mm×225mm・12.5 印张・213 千字
标准书号：ISBN 978-7-111-72630-2
定价：69.00 元

电话服务
客服电话：010-88361066
　　　　　010-88379833
　　　　　010-68326294

网络服务
机　工　官　网：www.cmpbook.com
机　工　官　博：weibo.com/cmp1952
金　　书　　网：www.golden-book.com
机工教育服务网：www.cmpedu.com

PREFACE

第2版序

本书是2007年发行的《初学机器人》的第2版。

从第1版发行到2019年的12年间，机器人技术得到了前所未有的巨大且快速的发展。通过深度学习等技术，机器人开发在智能方面取得了非常惊人的发展。以人工智能技术为代表的新一代信息技术，能够实现以往机器人无法实现的图像处理和语音处理等任务，人工智能正逐渐成为人类社会中不可或缺的技术。另外，以互联网为代表的网络技术也在高速发展，对于某些仅通过机器人单体难以解决的问题，现在可以通过多个机器人和机器的协助来有效解决。

第2版在更多地提到上述显著变化的领域的同时，也更新了用于学习机器人的内容。

关于双足步行机器人的构造和机构，我们使用在RoboCup机器人世界杯大赛的人形机器人组中取得胜利的“VisiON 4G”来进行讲解。在实际的机器人制作实践部分，我们以能够比较简单地制作双足步行机器人的入门套件“Robovie-i Ver.2”为题材进行讲解。另外，在介绍如何制作零部件时，我们不仅讲解铝的加工，还介绍近年来普及的3D打印方法。读者可以通过专用网站下载3D打印用的造型数据，从而迅速进入机器人的制作环节[⊖]。

本书除了提到最新的信息处理技术和网络技术之外，还使用了实体机器人进行实践，也介绍了与机器人相关的电子、物理方面的知识，加深读者对机器人的全方位认识与理解。为了制作出色的机器人，硬件和软件的良好协作是不可缺少的。为了正确了解机器人，读者必须广泛地掌握各种领域的知识和经验。可以说，学习机器人是获取更多知识和进入专业领域的绝佳途径。希望本书能对大家的学习有所帮助。

2019年2月

⊖ 本书中使用的动作制作软件（RobovieMaker2）和3D打印用的造型数据，可以从Vstone公司的网页（https://www.vstone.co.jp/products/robovie_i2/download.html）下载。

PREFACE

第1版序

众所周知，日本是世界上生产和使用机器人最多的国家之一。这些机器人大多是工业用机器人，旨在实现工厂的自动化并节省劳动力。大家平时看到的一般是动物形或人形机器人，它们从工厂进入我们的日常生活，我们希望它们能从事各种各样的工作，给我们提供帮助。无论是在工厂工作的机器人，还是进入我们日常生活中的机器人，都无一例外地集成了机器人技术。

那么，实体机器人是由什么组成的，又是凭借怎样的构造来工作的？对这些疑问的回答，与大家平时的学习或学习的科目有什么关系？本书就是用于解答这些疑问的机器人入门书。

与人类一样，机器人会感知，会判断，会行动。因此，数学、物理以及计算机知识是不可或缺的。此外，机器人还将与语文和社会科目相关，是综合利用各种学科知识的新学科领域。所以，通过学习机器人知识，以往各科目的零散知识将得以整合并发挥重要作用。

因此，本书将根据需要，在相应部分展示机器人技术与现有科目的关系，让大家切实感受到平时所学的科目知识是如何帮助我们进行机器人开发的。此外，本书还将以市面上实际销售的机器人为例，在最后讲解这些机器人的使用方法。

本书的特点可以总结为以下三点：

1）概述机器人的历史和构造。

2）介绍现有科目和机器人技术的关系。

3）通过阅读 RobovieMaker 和 Robovie-i 的说明，可以使用机器人来自主学习。

希望大家通过阅读本书，在获得关于机器人的相关知识的同时，也能发现其中的乐趣。最后，希望各位能成长为引领机器人技术的人才。

机器人实用技术学习企划委员会

2006 年 12 月

PREFACE

前 言

本书特点

本书的目的是让即使此前没有掌握机器人相关知识的读者，也能获取机器人的相关基础知识，并能自制机器人。本书首先介绍与机器人技术相关的各个领域的基础知识，之后通过双足步行机器人的制作实践，帮助读者了解机器人技术的整体情况，进而将课堂和讲义上学到的知识和实际应用相结合。

本书的内容涉及面广，为了方便初学者学习，有些地方省略了对个别知识和技术的详细说明（如逆运动学和程序语言等）。如果读者对这些技术感兴趣，请参考相关专业书籍，当然，即使不参考专业书籍，也可以通读本书。

必要的预备知识

阅读本书需要读者具备高中水平的数学、物理知识，如果是高等职业学校的学生，读懂本书应该没有问题。另外，各章的开头会介绍该章的主要内容，希望这对大家的预习和复习能有帮助。

读者对象

本书主要面向高职高专和本科学校的学生（特别是理工科大学的学生）。

另外，对机器人感兴趣的人也可以将本书作为入门书来阅读，但是，书中存在如第 10 章中的钣金加工等仅凭个人操作难以进行下去的部分。在这种情况下，请尝试用该章中介绍的 3D 打印机来代替人工制作。

另外，本书附录还给出了机器人制作实践的报告。由于书中记录了教学主题与要点，以及学生和指导教师的感想等，所以需要在课堂上或讲义中使用本书的教师请仔细阅读本书附录。

第 2 版的修订内容

本书是 2007 年发行的《初学机器人》的第 2 版。自第 1 版发行以来已经过了 10 多年，CPU 性能和 AI 等新技术有了很大变化，所以我们对本书进行了修订。在保持第 1 版基本结构不变的情况下，我们将产品规格等信息更换为最新版本。另外，实践部分使用的部件也改为如今容易买到的部件，除了钣金加工，还增加了 3D 打印机的使用方法。另外，针对基于深度学习等取得飞跃性进步的领域，新设了与网络技术相关的第 9 章。

除此之外，如下文所述，第 1 版主要面向职业学校，第 2 版开始着眼于能够让其他教育机构以及对机器人感兴趣的人也考虑使用本书。因此，第 2 版在结构和内容上进行了部分修订，使读者对象更为广泛。

关于第 1 版

2007 年发行的第 1 版由石黑浩、浅田稔、大和信夫共同编写，由机器人实用技术学习企划委员会监督修订并共同制作而成。机器人实用技术学习企划委员会，是日本科技厅的组织委员会于平成十七年（2005 年）创立的地区科学馆合作项目，致力于移动人形机器人的实用科学技术学习（职业高中和科学馆合作进行的机器人学习）。机器人实用技术学习企划委员会的目标是出版以职业高中生为对象的机器人入门书，会员有职业高中教师、机器人风险投资机构、大学等。

机器人实用技术学习企划委员会（下述职位和头衔均为编写第 1 版时的情况）

浅田稔（大阪大学研究生院工学研究科智能、创成工学专业教授）
石黑浩（大阪大学研究生院工学研究科智能、创成工学专业教授）
大和信夫（Vstone 公司代表理事）
户谷裕明（大阪府立淀川工科高等职业学校电子机械学科教师）
冈野一也（大阪府立城东工科高等职业学校机械学科教师）
吉野卓（大阪府立藤井寺工职业学校机电系教师）

CONTENTS

目　录

CHAPTER 1

第1章

导 言

主要内容

- ❑ 被称为机器人的机械装置有哪些？
- ❑ 人形机器人交流功能的重要性。
- ❑ 在机器人的“感知和认识”“判断和拟定”“机构和控制”这三大构成要素中的传感器、构成部件以及控制理论。

1.1 什么是机器人

有一个词叫robotics，这个词表示所有与机器人相关的科学和技术的学术领域，当然也包括机器人本身。robotics也被翻译为机器人学，意为一门研究机器人的学问。那么，所谓的机器人是什么样的呢？

实际上，机器人并没有严格的定义。但是，很多人从“机器人”这个词中，会联想到可进行编程的机器，以及行动和外观与人类或动物近似的机器。图1.1展示了两例这种类型的机器人，即SoftBank Robotics公司的人形机器人Pepper和索尼公司的犬形机器人AIBO。

另外，说起机器人，人们很容易联想到与人类或动物相似的东西，但近年来，房屋、建筑物和街道（中的智能设备）本身可以提供各种信息，还可以进行对话，通过智能手段帮助人类活动，这些用于生活环境中的机器人也开始受到关注。例如，自动扶梯和车站的自动检票口等，就可以看作是这种“用于生活环境中的机器人”。它们被称为环境一体机器人或无所不在的机器人。

与其他单一功能的机器和设备相比，机器人可以完成多种任务，特别是与人类进行交流。最典型的例子就是机器人的最终目标——人形智能机器人（即人形机器人）。在日本，以阿童木和哆啦A梦为代表的机器人伙伴非常受喜爱和欢迎，因此很多机器人研究人员以与人的共生、协作为目标，向人形机器人的研究发起了挑战。

a）人形机器人“Pepper”（SoftBank Robotics）

b）犬形机器人AIBO“ERS-1000”（索尼）

图1.1　有代表性的两例机器人

但是，就像机器人那不明确的定义一样，人形机器人也没有被明确定义。在生物学上，与其他物种的生物相比，人类具有的3大特征是直立行走、工具的使用以及语言的使用。最初，直立行走和工具的使用（将工具拿在手上使用）一直以来都是机器人技术领域的核心课题。关于第3个特征——语言的使用，由于看起来与机器人技术关联不大，所以被视为语言学领域的问题，至今为止在机器人工学领域中很少涉及。但是，随着近年来要求机器人与人类进行交流的情况出现，相关研究也逐渐多了起来。

实际上，语言的使用作为人类的第3个特征，对于同样拥有身体的人形机器人来说两者密切相关。我们人类即使不使用口头语言，也可以用肢体语言向对方传达各种各样的信息，这种肢体语言和口头语言有着密切的关系。肢体语言对于记住口头语言，以及在记住口头语言的基础上进一步有效地将其传达出来等方面都是很重要的。也就是说，对于使用语言的机器人来说，身体是非常重要的。在最近的机器人研究中，这个问题受到了很多关注。想要实现像阿童木和哆啦A梦那样与人类对话并进行各种互动的机器人，语言使用能力的重要性不言而喻。

1.2 机器人的三大构成要素

为了使机器人能够自主思考并做出行动，它必须具备三大构成要素，即感知和认识系统、判断和拟定系统、机构和控制系统（见图 1.2）。这些要素之间相互密切关联，控制机器人的整体运动。下面我们简单说明一下这些要素的作用。

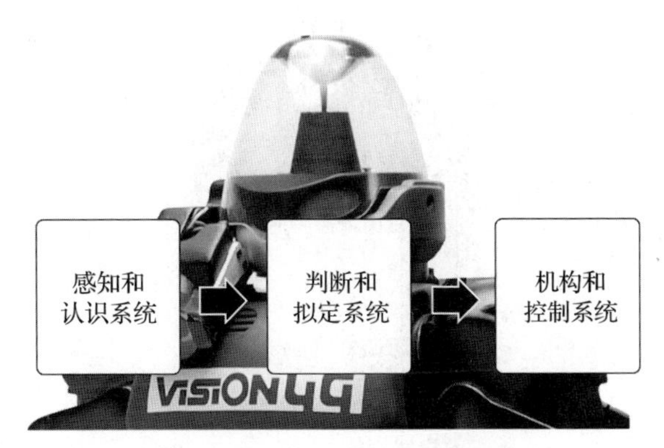

图 1.2 机器人的三大构成要素

1.2.1 感知和认识系统

机器人要想自主地进行各种各样的工作，就必须感知周围的状况，知道自己处于什么状态。为此，必须让机器人具有知觉，而机器人的知觉“器官”就是各种传感器。目前，除了用于机器人的传感器以外，还有其他各类传感器被开发出来，但由于受到技术开发水平和传感器使用方式的制约，暂时未能发明与人类的知觉具有同样功能的传感器。

从机器人设计的角度对这些传感器进行分类，如图 1.3 所示。

1）内部传感器：机器人用来感知自己内部状态的传感器。比如用于检测电池剩余电量的电压表，以及用于测量关节角的仪器等。

2）外部传感器：用于感知机器人周围环境的传感器。可以用摄像头来检查眼前是否有障碍物。

3）相互作用传感器：对与人的相互作用关系进行取样的传感器。当机器人和人类进行诸如一起搬运东西的工作时，可以取样得知对方的力量是如何通过物体作用到自己的，比如安装在手臂和关节上的扭矩传感器等。

我们再进一步对于这些传感器进行说明。人类可以感觉到自己现在“心情不好”“很累”，但机器人也同样需要感知自己的状态。感知状态的传感器就是内部传感器。此外，机器人还可以通过关节处的被称为角度传感器的内部传感器得知自己的手臂处于何种位置。

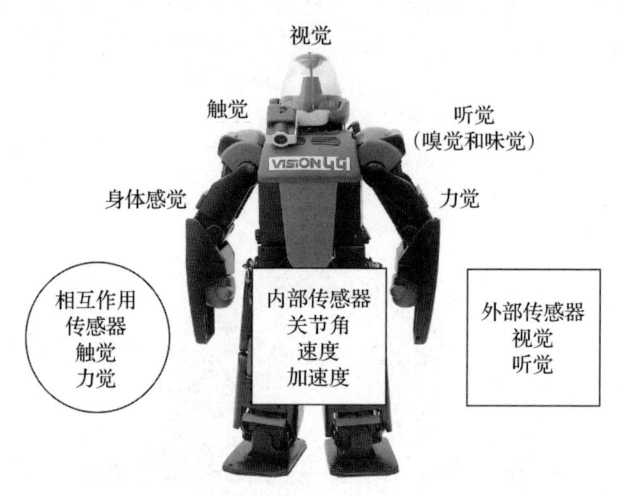

图 1.3 内部、外部、相互作用传感器

另外，人类大多数情况下可以通过眼睛来了解自己周围的环境。不是检查自己的身体状态，而是检查周围的环境和自己的关系，这类与生物的眼睛等器官类似的传感器就是外部传感器。例如，蝙蝠通过超声波来调查自己周围的情况，这类利用超声波的器官也可以当作外部传感器。实体机器人也经常使用通过超声波检测自己周围障碍物的传感器。

我们希望机器人只使用内部传感器就能正确地移动手臂和手去完成所有事情。但是，事实上内部传感器只能感知到手臂和手的位置信息，还有很多事情是做不到的，比如抓鸡蛋这个动作，如果手太用力，就会把鸡蛋弄碎。需要一边检查手指用多大的力气按压蛋壳，一边适当地调整手指的力量。这种可以检测手指上的力，并获得用于调整力的信息的传感器被称为相互作用传感器。在机器人的手指上，多采用被称为压力传感器的传感器。

1.2.2 判断和拟定系统

从图 1.2 中可以看出，判断和拟定系统是感知和认识系统以及机构和控制系统之间的构成要素。如果想让机器人工作，必须以程序的形式给出动作的具体指令。但是，这个编程工作对程序员来说是相当大的负担。如果机器人能够自主思考（制订计划）工作的顺序，就可以省去程序员的麻烦。

这里举出让具有规划功能的机器人工作的例子，我们来思考一下在有障碍物的环境中，从当前的位置移动到某个目标位置的工作。首先，机器人根据来自外部传感器的信息，将哪里有障碍物等周围的状况表现在某种“地图”上。这一工作被称为环境建模。从外部传感器获得环境的“地图”，称之为“对环境进行几何重构”。

接下来，机器人需要根据环境模型，思考如何移动才能最快到达目标位置。这个工作被称为制订计划。根据制订的计划，机器人将移动至目标位置。制订计划正是判断和拟定系统的核心课题。有多种制订计划的方法，其中一个例子如图 1.4 所示。

图 1.4a 表示环境状况。灰色部分是机器人，黑色部分是障碍物。机器人必须在短时间内从起点移动到终点。机器人的行动分为水平移动、垂直移动和方向转换（原地旋转 90°）三种，如何通过制订计划使用三种行动来避开障碍物并到达终点是问题所在。因此，从二维环境出发，考虑对应行动种类的三维表现。即如图 1.4b 所示。在图 1.4b 中，三维的水平移动和垂直移动的行动对应于二维的水平轴和垂直轴，90° 的旋转对应于纵深方向的轴。没有连接格子的地方表示机器人移动时因障碍物而不能移动。也就是说，只能在格子的线上移动，没有线的部分不能移动。根据给定的问题来设计这种机器人的行动计划是很重要的。通过这种方法，尽管机器人的运动受到了很大的限制，但另一方面，由于机器人的行动只有 3 种，所以制订计划变得简单起来。

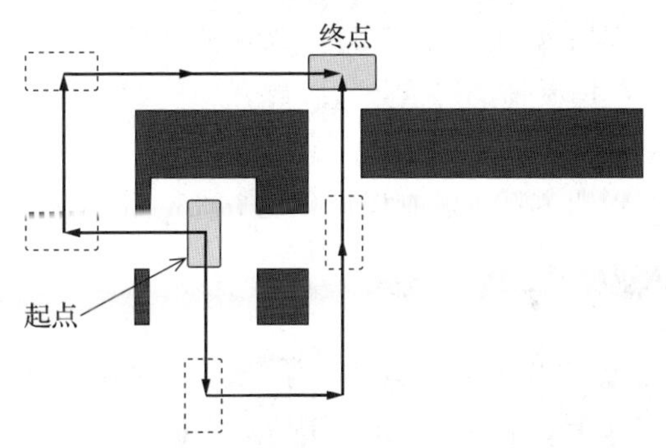

a）根据传感器调查环境状况（ 是机器人 是障碍物。机器人必须避开障碍物，从起点走向终点）

图 1.4 用格子表示的环境来制订计划

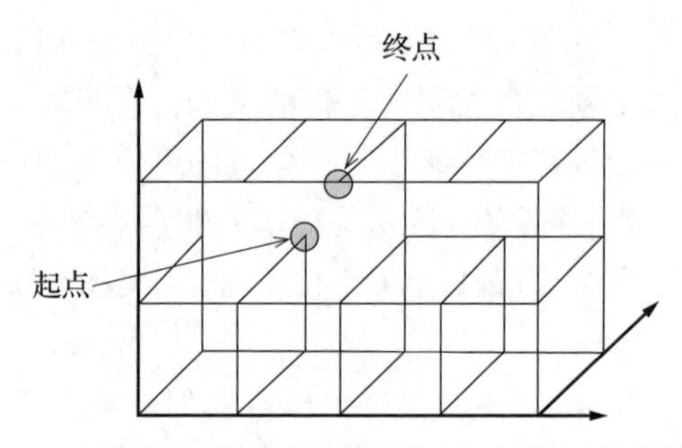

b）用格子表示机器人可移动的空间和路径。有障碍物的地方的格子都被清除了。机器人必须沿着剩下的格子找到到达终点的路径

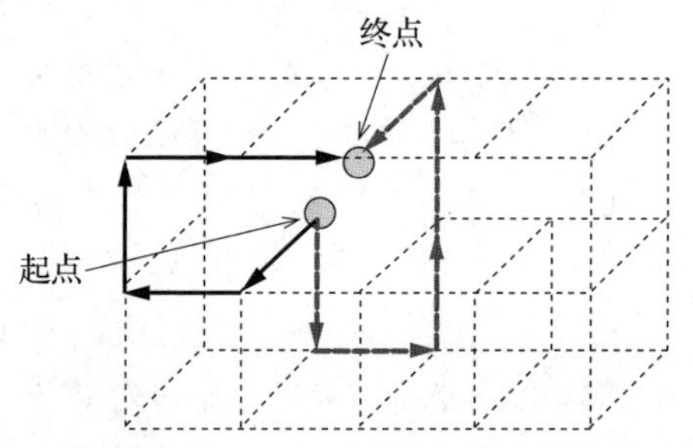

c）根据制订的计划发现的两条路径。机器人选择其中的一条，就可以到达终点

图 1.4 （续）

制订计划的结果取决于环境的复杂性，有时可以得到多个结果。如图 1.4c 所示，有两条最快的路径可以从起点到达终点。在得到多个计划结果的情况下，最终必须排除为仅剩一个。除了能快速从起点移动到终点这一标准之外，机器人还需要根据其他的标准来选择路径，例如尽可能沿直线运动，不要经常转弯。

综上所述，判断和拟定系统具有根据环境来决定工作方法的功能。

1.2.3　机构和控制系统

机构和控制系统是控制机器人运动的系统。机器人工作时，首先需要用到手和脚，它的手和脚是模仿人类的手和脚做出来的。人类的手和脚是通过肌肉来运动的，而机器人则是通过致动器来运动的。致动器指电动机等用于发力的装置。因为致动器需要能量来启动。所以在机构和控制系统中，还涉及能源问题。

致动器的作用是将电池等供给的能量转换为动能。这和人类摄取营养活动肌肉是一样的。致动器的代用品是电动机。机器人的身体上大多使用电动机。当然，它的数量还不及人类肌肉的数量。一般认为人全身的主要肌肉有200块左右。与此相对应，像本田ASIMO这样的人形机器人使用了20～40台电动机。

机器人的身体由这些致动器构成的关节和连接关节的连杆结构（将可动部分用连接棒连接，传递动力的结构）构成。通过复杂地组合关节和连杆结构，就可以制造出能够进行各种工作的机器人（见图1.5）。

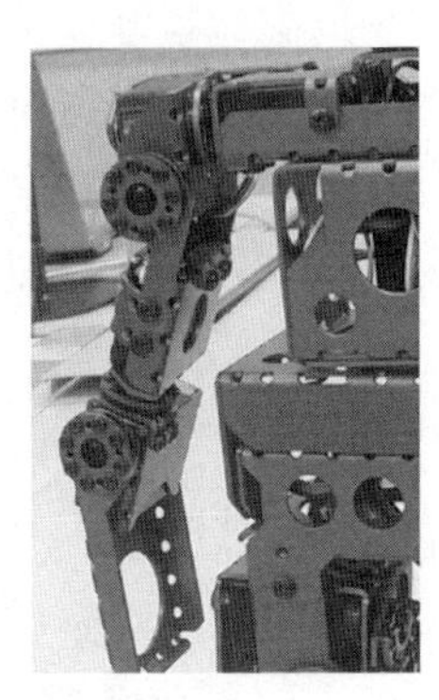

图1.5　机器人的脚和手臂

试着思考如何制造一个相当于人类一只手臂的机器人。人的整个手臂由包括手指在内的手、手腕等部分组成，它们全部通过关节和连杆构造组合而成。在制作关节和连杆结构时，要考虑想要制作多大的手臂，想要用这只手臂完成什么工作，然后确定好每一个零件的大小和长度。

在精确的设计图的指导下制作好手臂后，接下来就需要正确地移动制作好的手臂了。这里的难点在于，由于能动的只有关节，必须从众多关节的运动中，准确地了解整个手臂是如何运动的。这种根据关节的运动和连接关节与关节的连杆的长度，来确定手臂正确姿势的方法，被称为正运动学。与此相对，反过来先确定手臂的前端的位置和方向（在工作时，重要的是手臂的前端，即手的位置和方向，一般没有必要确定好整个手臂的姿势），解决如何运动关节来确定位置和方向问题的方法就叫逆运动学。逆运动学一般不像正运动学那么简单。这是因为即使确定了手臂前端的位置和方向，对应关节的运动组合也有很多。人的手臂的情况也是一样，即使稍微扭转手臂，前端的手的方向和位置也可以维持在同样的状态。

但是，仅靠姿势的控制是无法灵活地挥动手臂的。例如，设想一下投球时的情况，要以怎样的速度和加速度移动手臂就成了问题。处理这种问题的是正动力学和逆动力学。正动力学和逆动力学能够在实际移动机器人手臂的情况下，根据机器人手臂的质量和减速，计算出哪种力起作用。也就是说，正动力学和逆动力学在考虑质量、重力等因素的基础上，研究机器人手臂等的位移、速度和加速度问题。正动力学依据机器人手臂各关节的驱动力和关节位移，求出各连杆的位移、速度和加速度。反之，依据各连杆的位移、速度、加速度，求出各关节的驱动力的就是逆动力学。既解决正运动学和逆运动学问题，又解决正动力学和逆动力学问题，这样就可以自由操纵机器人了。当然，根据移动机器人的目的和机器人的构造，很多情况下只要解决正运动学和逆运动学问题，就能充分地移动机器人。

机器人将利用机构和控制系统以及已经说明的其他两种构成要素实现智能化动作。

CHAPTER 2

第2章

机器人的历史

主要内容

- ❑ 古代自动装置的构想。
- ❑ 近代机械技术的发展和机器人（机械式人类等）的应用。
- ❑ 现代机器人的进化。
- ❑ 关于戏剧和小说中的机器人的思考方法。
- ❑ 工业用机器人的发展和标准化。
- ❑ 智能机器人开发的开端。
- ❑ 机器人研究课题的分离与融合。

2.1 从古代自动装置到现代机器人

“机器人”是20世纪才开始使用的新词。但是，人类想要实现自动机器的梦想，是从古代开始就有的，而且这个梦想也和社会发展有着深远的关系。机器人历史年表见表2.1。

可以在古代的希腊神话中找到与今天所说的机器人相近的东西。在公元前8世纪左右的荷马史诗《伊利亚特》中，有这样一个神话故事：火神赫菲斯托斯用黄金制作了一个模仿少女的“人偶”，让它代替人类工作。还有一个神话故事，在克里特岛，青铜制的“人偶”塔罗斯巡视岛屿，保护岛屿免受他国的攻击。诸如此类，存在于西欧神话中的“人偶”，从公元前8世纪左右一直持续到公元后4世纪左右，之后一度终止于中世纪时期。类似这些在古代神话中描述的“人偶”，是非常有趣的实例。

表 2.1　机器人的历史年表

［出处：日本机器人学会编写，新版机器人工学手册（新版ロボット工学ハソドブック），科罗纳社，2005］

年　代	实体模型	概　念	社会和文化
公元前	公元前 5 世纪　希罗多德“假腿”	公元前 8 世纪　荷马史诗《伊利亚特》 公元前 3 世纪　阿尔戈探险队	四大文明
公元后	1 世纪　海伦“自动门”	3 世纪　石人（golem）传说	
			538 年　佛教传来
	850 年　《今昔物语》雕刻人偶		
1000 年			
		1183 年　西行《撰集抄》	1185 年　镰仓幕府
1500 年			
	1510 年　达・芬奇 “机械装置的狮子”		1543 年　哥白尼“日心说”
			1656 年　惠更斯“钟摆”
			1686 年　牛顿《自然哲学的数学原理》
1700 年			
	1730 年　多贺谷环中仙《机关启蒙鉴草》		
	1738 年　雅克・德・沃康松“鸭子”		
	1773 年　皮埃尔・贾奎特・道兹“自动人偶”		1774 年　拉・梅特里《人类机器》
	1775 年　若井信亲“端某人偶”		1775 年　杉田玄白《解体新书》
	1796 年　细川赖直《机巧图汇》		1781 年　瓦特“蒸汽机”
1800 年			
		1818 年　玛丽・雪莱《弗兰肯斯坦》	1868 年　明治维新
		1883 年　卡洛・科洛迪《匹诺曹》	1877 年　爱迪生“留声机”
		1886 年　利尔・亚当《未来的夏娃》	
	1893　摩尔“蒸汽人”		

（续）

年　代	实体模型	概　念	社会和文化
1900 年	1947 年　美国阿贡国家研究所“遥控操作器” 1954 年　乔治·德沃尔“工业用机器人”专利申请 1959 年　东京大学‘人工手指” 1962 年　Unimation 公司“Unimate’ 1966 年　斯坦福研究院“Shakey”（用简单的命令制作工作计划） 1973 年　早稻田大学“WABOT-1”（世界首个人形智能机器人）	1920 年　卡雷尔·恰佩克《R.U.R》 1927 年　弗里茨·朗《大都会》 1950 年　艾萨克·阿西莫夫《我是机器人》 1951 年　手冢治虫《铁臂阿童木》	1914～1918 年　第一次世界大战 1915 年　爱因斯坦“广义相对论” 1939～1945 年　第二次世界大战 1946 年　宾夕法尼亚大学“ENIAC” 1957 年　斯普特尼克 1 号发射 1964 年　东京夏季奥林匹克运动会 1969 年　阿波罗 11 号登月 1970 年　大阪世界博览会 1972 年　日本工业用机器人工业会成立 1983 年　日本机器人学会成立

接下来，让我们从技术层面回顾一下机器人的历史。相传公元前2世纪左右，拜占庭的庇隆利用了蒸汽和压缩空气模仿鸟的叫声。另外，还有克特西比奥斯在亚历山大港生产自动水表。

到了1世纪左右，出现了代表性技术人员——海伦。海伦制造了各种自动装置，其中最有名的是神殿的门（自动门）（见图2.1）。它以祭坛的火为热源，运用虹吸原理，能够实现门的自动开关。12世纪文艺复兴时期的欧洲，出现了以钟表等用精密技术生产的产品。

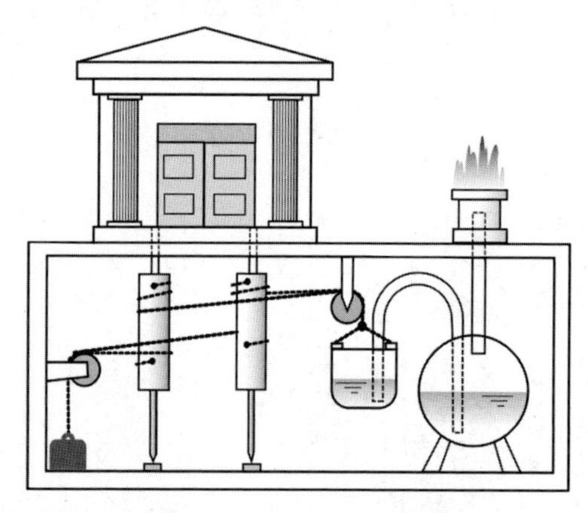

图2.1 海伦的自动门

［出处：日本机器人学会编写，新版机器人工学手册（新版ロボット工学ハソドブック），科罗纳社，2005］

2.1.1 自动人偶

14世纪上半叶，意大利的城市开始使用公共机械钟表作为塔钟，并在欧洲各地推广开来。在这些塔钟中，有很多体现天体运行和人物动作的设计。随着1656年荷兰科学家惠更斯发明了钟摆，钟表也因此作为精密机械得到了进一步的发展。

到了16～18世纪，作为钟表附带技术的自动装置开始应用到自动人偶上。1738年，纺织机械工程师沃康松在巴黎科学院展出了吹笛子的少年、敲大鼓的少年和鸭子的自动人偶（见图2.2）。据记载，这只鸭子可以进行如啄食、排泄、鸣叫等动作，甚至还能洗澡。从技术层面上来说，它们也许就是现在的机器人的原型。

1773年，瑞士的贾奎特·道兹父子，制作了能进行文字书写、绘画（见图2.3）和风琴演奏（见图2.4）的三个自动人偶。这些人偶制作得十分精巧、写实，动起来栩栩如生。

图2.2 沃康松的鸭子

［出处：日本机器人学会编写，新版机器人工学手册（新版ロボット工学ハソドブック），科罗纳社，2005］

图2.3 贾奎特·道兹的绘画人偶

图2.4 贾奎特·道兹的风琴演奏人偶

2.1.2 19世纪的艺术与技术

钟表在市民中的普及，催生了大量的廉价产品。从19世纪中期开始，人们对自动人偶的制作，既注重观赏性又着重其结构的精巧性和移动的灵活性，体现了文学、艺术和技术的分工和结合。如果有什么新东西被发明出来，为了对它进行更深入的研究开发，会分成几个要素进行研究。然后，当对要素的研究进展到一定程度后，再将所有要素进行组合，比如，确认机器人能够完成什么样的新动作。接下来再将新的问题分成新的要素进行更深入的研究。特别是机器人的研究开发就是在这种分工和结合的过程中不断进步的。

19世纪有多部关于机器人的著名文艺作品问世：1818年雪莱的《科学怪人》，1831年歌德的《浮士德》描写了人造人，1870年以自动人偶葛佩莉亚为主要人物的古典舞剧《葛佩莉亚》(由霍夫曼的小说《睡魔》改编)，以及1883年由科洛迪创作的《匹诺曹》。另外，1886年利尔·亚当创作了《未来的夏娃》，这部小说中出现了美女机器人“阿达莉”，令人惊讶的是，在该小说中连这个机器人的构造都详细地描写了出来。

说到实际生活中的机器，1893年莫尔制造了“蒸汽人”。这个“蒸汽人”是利用蒸汽机来让双腿运动并走路的，但实际上为了不会摔倒，其腰部是用棍子支撑着走路的。

2.1.3 日本的戏法 / 机关人偶

在沃康松和贾奎特·道兹制造自动人偶的时期，日本也出现了所谓的“活动人偶”。活动人偶分为“戏法”和“机关”两种类型。戏法人偶用线来移动，机关人偶以重力和弹簧作为动力自动移动。

1730年，多贺谷环中仙出版了《机关启蒙鉴草》(也称为《玑训蒙鉴草》)一书。其中，对各种自动人偶的构造进行了说明，例如对于写字人偶的说明让人能联想到现在的“仿生机床”。这本书可以说是具有解释人偶机关原理意义的书。

与此相对应，1796年细川赖直所写的《机巧图汇》被称为人偶机关的设计书。其中，对端茶人偶（见图2.5）、鲤鱼跃龙门的龙门瀑布、可以五段翻转的人偶等许多人偶的构造进行了说明，另外手表（刻画了根据季节的变化将时间从日出到日落，再从日落到日出分为6等分的江户时代的手表）的构造也被详细记录下来。由此可见，日本的人偶机关技术也和欧洲一样，是以钟表技术为背景而衍生出来的。

2.1.4 20世纪科幻小说中的机器人

机器人的源语据说是捷克作家卡雷尔·恰佩克在1920年发表的戏剧《R.U.R》(罗素姆万能机器人，Rossum's Universal Robots）出现的。

1950年，阿西莫夫创作的小说《我是机器人》提出了以下机器人三原则，并以此为基础创作了许多作品。

图 2.5 端茶人偶（高知县立历史民族资料馆藏）

原则一：机器人不得伤害人类，或看到人类受到伤害而袖手旁观。 原则二：除非违背第一条原则，否则机器人必须服从人类的命令。 原则三：除非违背第一条或第二条原则，否则机器人必须保护自己。

在目前的研究中，机器人三原则的观点也得到了很多机器人研究者的支持。

2.1.5 现代机器人

现在所说的机器人的研究开发是从 20 世纪中期开始的，从 1946 年宾夕法尼亚大学制造出世界上第一个大规模电子计算机 ENIAC 开始，计算机以惊人的速度发展，走上了运算高速化、存储容量增大、价格低廉的道路。

另外，计算机的进步同时也促进了生产中不可或缺的自动化技术的进步，1952 年数控机床（以下简称为 NC 机床）开发成功。NC 机床开发中的控制技术研究和机械研究成为机器人技术的基础。“工业用机器人”（industrial robot）的最初的想法来自 1954 年乔治·德沃尔申请的专利。该专利的技术要点在于通过伺服技术控制关节，以及由人操纵机器人。这是一种被称为“示教再现”的机器人控制法，是现在大部分工业用机器人控制的基本方法。以该专利为基础，美国联合通信公司于 1958 年制造出了第一个工业用机器人。但是，作为产品销售的第一款实用机器是 1962 年美国 AMF 公司的“ VERSTRAN”和 Unimation 公司的“ Unimate”。这些工业用机器人的特点是，控制方式基本与 NC 机床相同，但其外形类似人的手臂和双手。

在日本，Aida Engineering 公司于 1968 年公开了名为 Autohand 的机器人。1970 年以后，机器人的相关研究发展迅速。1970 年在美国召开了第一届国际工业机器人研讨会（ISIR），1973 年在意大利召开了第一届 Robot and Manipulator System，这是一个关于机器人、机械臂、系统的国际会议。1967 年，日本人工手研究会（现为仿生机构研究会）等组织召开了第一次机器人研讨会。此外，1972 年还成立了日本工业用机器人工业会［现为日本机器人工业会（JIRA），是一家公司］。1980 年工业用机器人开始普及，被称为“机器人元年”。在 1983 年，日本机器人学会（RSJ）成立。

2.2 工业用机器人

2.2.1 机械臂和工业用机器人

最具代表性的机器人之一是机械臂。控制功能指的是操控物体，例如通过机械手（见图 2.6）等抬起物体的操作。这种具有“操作物体功能”的机器人被称为“机械臂”（见图 2.7）。对于机械臂而言，有以下三个必要条件。

1）具有操纵功能或移动功能。

2）通过自动控制进行作业。

3）能够对作业进行重新编程。

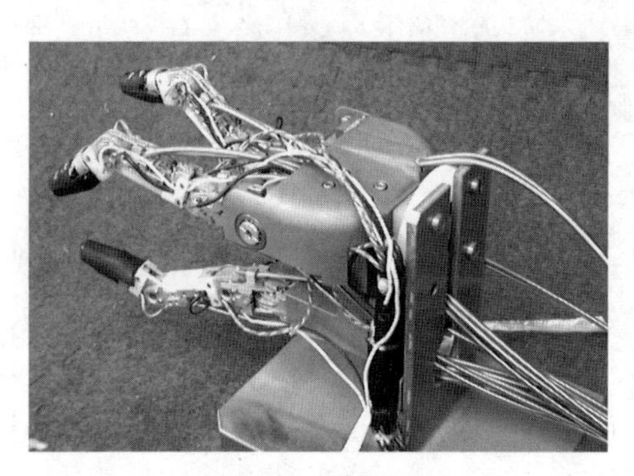

图 2.6　机械手

图 2.7　安川电机的机械臂“MOTOMAN-AR1440”

根据 JIS 规格（明确规定日本的工业产品标准的规格）的标准，机械臂被定义为“拥有类似人类的上肢的功能，使对象物能在空间中移动的物体”

[源自 JIS B0134—1986（工业用机器人用语)]，多数工业用机器人都是在机械臂的基础上增加了上述 2）和 3）的功能，它们能够代替人类完成各种各样的工作。

另外，还有“人类可直接操作的机械臂”(手动机械臂)(源自 JIS B0134—1986)。由于它通过人的操作来驱动机械臂，因此可以称为人力放大装置。机械臂的构造将在 6.1 节中详细介绍。

与此类似的还有操纵机器人。虽然它由人直接操作，但也有部分操作通过自动控制的作业来执行功能（包括移动功能)。我认为操纵机器人今后将进一步进化。例如，遥控机器人可以在远离人类的地方进行危险作业。如果这类机器人有更高级的功能，即可自主判断并操作、能够理解人类指令，以及能够学习相关知识。如此一来，就可以称之为智能机器人（依靠人工智能决定行动的机器人)。

2.2.2 有关工业用机器人的标准化

日本机器人工业会从 1973 年开始率先进行了工业用机器人的标准化研究，并在 1979 年制定了以此为基础的工业用机器人术语（JIS B0134)。

- JIS B0138—1980：工业用机器人符号。
- JIS B8431—1988：工业用机器人特性和功能的表示方法。
- JIS B8432—1983：工业用机器人特性和功能测定方法。
- JIS B8433—1986：工业用机器人安全通用规则。
- JIS B8434—1984：工业用机器人操作装置等相关功能标识符号及标识颜色。
- JIS B8435—1986：工业用机器人模块化设计通用规则。

所谓标准化，是指企业通过共享零部件等，在相互合作的基础上以低廉的价格制造出更高级的机器人的活动，且根据标准化规定的规格制作的机器人和机器人的零件可以进行各种组合。虽然目前只实现了工业用机器人的标准化，但今后在人类日常生活中工作的机器人也将需要被标准化。前面提到的机器人三原则或许就是该标准化的根本。

2.3 智能机器人

智能机器人起源于 1969 年斯坦福研究所（SRI，Stanford Research Institute)

开发的人工智能机器人“Shakey”（见图 2.8）。之所以叫 Shakey，是因为它的动作看起来像是在颤抖（shake）。它的革命性意义在于，它结合了当时可用的计算机技术、控制技术、摄像机技术等多种技术，是可以自主判断并行动的机器人。Shakey 通过摄像机可自动完成观察环境状态、制作地图、前往目的地等一系列动作。

图 2.8 斯坦福研究所开发的人工智能机器人“Shakey”

（图片由计算机历史博物馆提供）

以 Shakey 的开发为开端，人们开始了对人工智能和智能机器人的研究。越来越多的研究人员参与其中，而这些研究也一直持续到今天。

2012 年左右，出现深度学习技术，至此人工智能和图像识别的研究取得了很大的进步。

长期以来，语音识别和图像识别都是智能机器人研究领域的难题。但是，通过深度学习，这些难题得到了解决，即可以将声音转换成文本存入计算机，根据事先得到的信息，判断图像中所出现的内容。

以 Shakey 的研究为契机派生出的人工智能和图像识别的研究取得了很大的进展。今后如果再次整合这些技术来开发机器人，则有望开发前所未有的高性能机器人，以及具有接近人类能力的机器人。

CHAPTER 3

第3章

机器人的构造

主要内容

- ❑ 关节的分布和动作的种类。
- ❑ 传感器的作用（全方位视觉传感器、前置摄像头、加速度/陀螺仪传感器）。
- ❑ 计算机操作控制系统。

3.1 人形机器人的构成

在本章中，我们一方面观察实际生活中开发的机器人，一方面说明机器人的基本构造。图3.1所示为自主型双足步行机器人VisiON 4G。

图3.1 自主型双足步行机器人“VisiON 4G”

VisiON 4G是为了参加世界机器人杯足球赛的人形机器人联赛，由Vstone

公司为主导的 OSAKA 团队开发的。在比赛中，机器人必须利用传感器自行判断情况并采取行动，而不是由人类来进行操纵。因此，VisiON 4G 可以进行确认球的位置、移动到球所在的位置、确认球门的位置、射门等一系列操作。该机器人高 445mm，宽 210mm，厚 150mm，其躯干关节的部件如图 3.2 所示。它的结构材料采用铝合金和树脂，重量轻且具有高刚性，可以说它的制造方法类似于能搭载数百名旅客的喷气式客机。

下面对 VisiON 4G 的运动性能、用于感知环境的传感器以及从信息识别到动作生成功能依次进行说明。

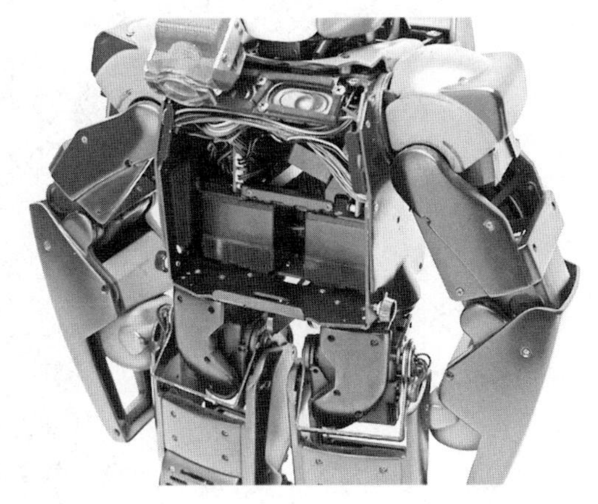

图 3.2　由铝合金和树脂制成的 VisiON 4G 机身部分

3.1.1　运动性能

VisiON 4G 是为踢足球而设计的，它的关节共有 23 个，由机器人专用伺服电动机（与一般的遥控机等所使用的伺服电动机构造相似，具有机器人专用的特性）驱动，以便能完成踢足球的一系列动作。伺服电动机是指构成伺服主轴（参照 4.3 节）的电动机，如图 3.3 所示。图 3.3 中的圆形标记表示电动机的旋转轴从前面向里面延伸，三角形重叠的标记表示旋转轴在与纸面平行的方向延伸。例如，图 3.3 中安装在摄像头下方左右两侧的电动机分别用于前后摆动左右手臂。VisiON 4G 的膝盖上安装了两个伺服电动机，腿的上部和下部分别作为连杆机构，从而实现步行时重心平衡的稳定化和高速化。

通过这种电动机配置，四肢可以进行如下动作。

- ❑ 整个手臂：前后摆动和旋转，横向拿放物体。
- ❑ 手臂：扭转上臂，弯曲手肘。
- ❑ 脚：整只脚扭转，整只脚横向上抬，整只脚向前抬，膝盖弯曲。
- ❑ 脚尖：脚腕前后弯曲，脚腕左右弯曲。

正因为有了这样的四肢动作，才能做到身体稍微倾斜，脚向后往前踢的踢球姿势（如图 3.4 所示）。

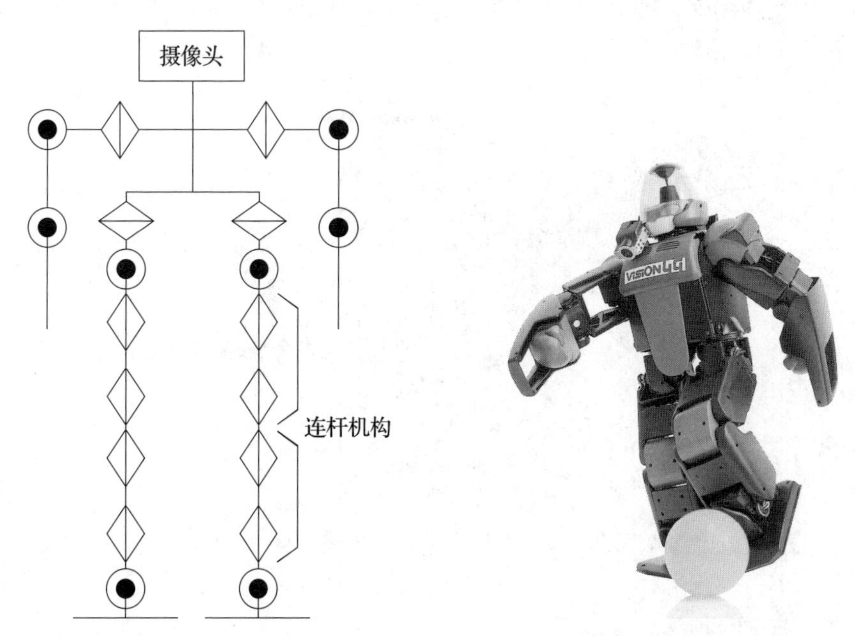

图 3.3　VisiON 4G 的电动机配置　　　　图 3.4　VisiON 4G 踢球姿势

表 3.1 展示了 VisiON 4G 使用的机器人专用伺服电动机的性能。

表 3.1　机器人专用的伺服电动机的性能

项　目	VS-SV410
转矩 /（N · m）	4
转速 /[（°）/s]	428.6
重量 /g	66
$\frac{长}{mm}\times\frac{宽}{mm}\times\frac{高}{mm}$	40.5 × 21.0 × 32.9
通信方式	LVSerial 命令式

VisiON 4G 的全身关节使用名为“VS-SV410”的伺服电动机。在哪个关节上使用哪个电动机，是设计中非常重要的项目。动力强劲的电动机，速度反而会变慢。这是因为电动机的旋转通过齿轮来减速，而齿轮传动比不同。另外，一般提供强大动力的电动机较重，耗电量也大。需要考虑哪些是需要进行快速移动的关节，哪些是需要使出强大的力量的关节，组合起来完成什么样的动作等问题。电动机的选择与机器人的运动性能有很大的关系。

3.1.2 用于感知环境的传感器

为了识别周围情况，VisiON 4G 配备了全方位视觉传感器、前置摄像头、加速度/陀螺仪传感器等 3 种传感器。以下对这些传感器的作用进行简单说明，更详细的内容将在第 5 章中进行说明。

顾名思义，全方位视觉传感器具有 360° 的检测范围，主要由曲面镜和摄像头构成。如果拿起金属球（例如不锈钢球）从下面往上看，就会发现球的表面能够映照出自己周围的一切。全方位视觉传感器使用的虽然不是球面镜，而是使用具有特殊形状的全方位反射镜，但其原理与球面镜基本相同。

该全方位视觉传感器安装在可以环视机器人周围的头部（见图 3.5），周围的状况通过全方位反射镜呈现。反射镜上的影像通过镜头被 CCD 摄像头（用半导体制造的小型摄像头）作为影像数据记录下来（见图 3.6）。

图 3.5　全方位视觉传感器

图 3.6　全方位的影像

那么，如何处理通过全方位视觉传感器获得的数据呢？如图 3.6 所示，CCD 摄像头从上方环视四周呈现出的是平面影像，VisiON 4G 什么都无法判断出来，所以必须对平面影像数据进行处理，以便 VisiON 4G 能够进行判断。将平面影像的颜色分解为红（R）、绿（G）、蓝（B）三要素，用相同的色块来识别周围状况，也就是根据颜色信息进行色区分割。根据这些信息，机器人就能识别球和球门。图 3.7 最右边的图显示了机器人发现球的样子。

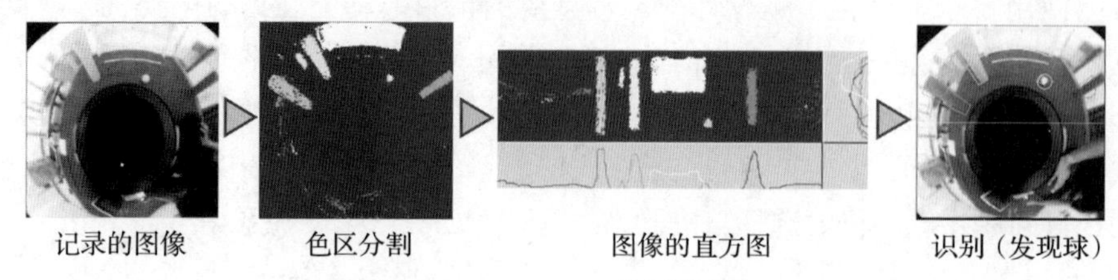

图 3.7 VisiON 4G 的图像处理

除全方位视觉传感器外，VisiON 4G 还安装了前置摄像头和加速度 / 陀螺仪传感器（见图 3.8）。前置摄像头可以捕捉到全方位传感器看不见的脚边的情况。加速度传感器用于判断身体是否站得笔直，倾斜了多少。

一旦摔倒，VisiON 4G 马上就能判断出这一事实，并采取爬起来的动作。另外，加速度传感器还可以用于检测身体的倾斜。按照与检测到的倾斜方向相反的方向倾斜身体，可以进行使上半身始终保持水平的动作。

图 3.8 加速度 / 陀螺仪传感器

陀螺仪传感器是检测身体在哪个方向上以何种速度移动的传感器，特别用于检测身体的晃动。通过检测晃动，就可以实现“站稳”等动作。

3.1.3 从信息识别到动作生成

从全方位视觉传感器和加速度 / 陀螺仪传感器获得的信息由 VisiON 4G 配备的两台计算机进行处理。这两台计算机相当于机器人的大脑。VisiON 4G 的计算机由主控制器（见图 3.9）和副控制器（见图 3.10）两部分组成。主控制器用于图像处理、环境识别和行动计划，副控制器用于动作的生成和姿态的稳定。表 3.2 展示了 VisiON 4G 实际配备的计算机的两种控制器及其性能。从全方位视觉传感器输入的视觉信息，由主控制器进行处理，决定应该采取的行动，随后，将机器人应该采取的姿势的命令依次发送给副控制器。副控制器根据主控制器发出的机器人姿势的命令来驱动电动机，使机器人做出给定的姿势。整个处理流程如图 3.11 所示。

图 3.9 主控制器

图 3.10 副控制器

表 3.2 VisiON 4G 两种控制器性能

性能	主控制器 PNM-SG3	副控制器 VS-RC003HV
CPU	AMD GEODE 500 MHz	LPC2148FBD64
ROM	48 GB （CF 存储卡）	512 KB
RAM	512 MB	64 KB
接口	RS232，USB 无线 LAN	RS232，I^2C
OS	Windows XP	无
控制对象	❑ 图像处理 ❑ 自主控制	❑ 动作控制 ❑ 稳定化

一方面，主控制器需要大量的计算，要尽可能使用高性能计算机。VisiON 4G 使用的是与 AMD GEODE 便携式计算机配置相同的计算机。因此，主控制器操作系统可以使用 Windows XP，完全可以把它当作便携式计算机使用。

另一方面，副控制器使用嵌入式微控制器。副控制器的主要作用是理解主控制器发送来的动作命令，并根据该动作命令向各致动器发送命令。与此同时，通过获取机器人配备的传感器数据，了解机器人目前的姿势，以控制其在行走的过程中不会摔倒。这些计算必须每隔一段时间准确地执行。由于主控制器通过 Windows XP 进行各种各样的处理，所以很难每隔一定时间准确地进行某种处理。但副控制器的嵌入式微控制器是不通过操作系统来运行程序的，所以非常适合电动机控制和轨迹生成等每隔一定间隔必须要执行的处理，且它的运行速度仅为主控制器的 1/8 左右。因此，不需要实时性时，上述工作将由表 3.2 中的两种 CPU 执行。

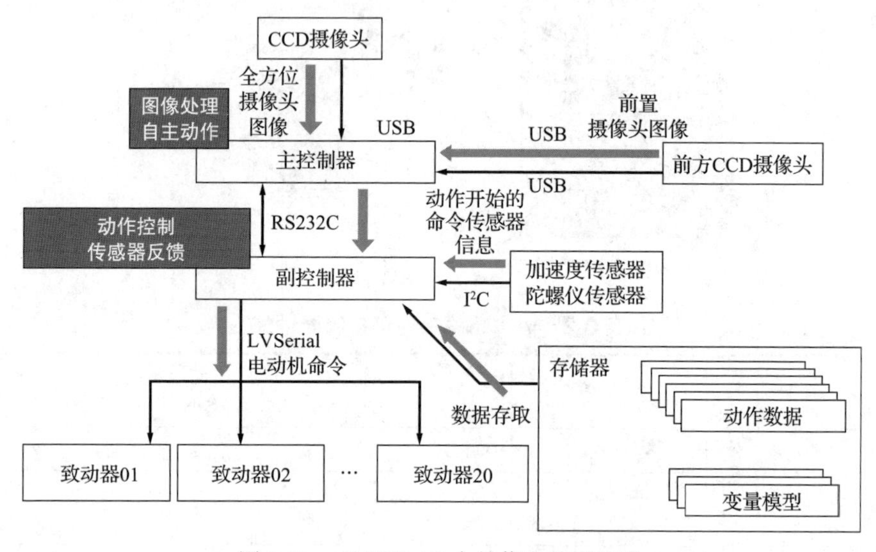

图 3.11　VisiON 4G 中的信息处理流程

根据传感器发送的信息，虽然机器人会做出各种各样的动作，但需要事先将基本动作存储在计算机中，例如，“向前走”“改变身体的方向”“踢球”等动作。计算机读取传感器发送的信息，最终选择这些动作中的一个来执行。这是人工智能中最难的部分，但在这里我们只考虑“发现球就朝着球门踢”这种比较单纯的行动。本书的后半部分将进一步说明人工智能的内容，机器人中的传感器是其正常运转的基础。

那么，机器人的基本动作是如何达成的呢？ VisiON 4G 的动作生成有两种方法。

一种是通过副控制器上的步行模型生成，即将步行的轨迹用数学公式表示，并通过逆运动学求解，从而实现步行动作。逆运动学是指为了实现任意脚尖位置而计算关节角度的方法，在第 1 章中我们已经进行了简略说明。由于步行轨迹是在副控制器内实时生成的，因此 VisiON 4G 可在任意方向上以任意步幅移动。图 3.12 展示了机器人前进时脚尖的轨迹。

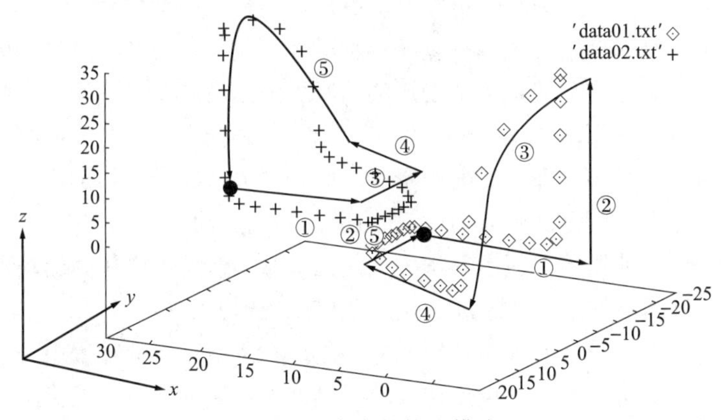

图 3.12　脚尖的轨迹模式

另一种动作生成方法是使用 RobovieMaker2 等动作编辑器软件。VisiON 4G 的动作生成使用了 ATR 智能机器人研究所开发的名为 RobovieMaker2 的动作生成软件。图 3.13 显示了 RobovieMaker2 动作编辑器软件的界面。用户在该动作编辑器软件中可直接操作 VisiON 4G 各关节的动作，使它运动，所以用眼睛观看该动作编辑器软件界面就可确认机器人实际采取的动作姿势。

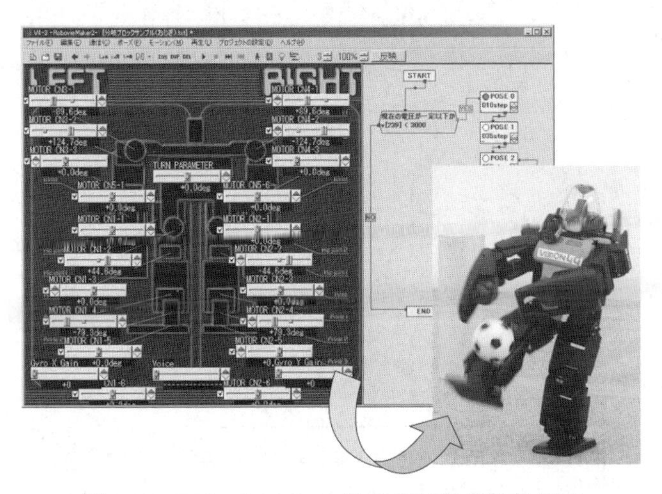

图 3.13　RobovieMaker2 的动作编辑器软件界面

使用这个动作编辑器软件，可以生成各种各样的动作。例如，即使是踢球这个动作，也可以有好几种踢法。不仅可以扭转身体，还可以像钟摆一样挥动双腿，利用其反作用力踢，可随心所欲地做出自由的动作。

那么，为什么我们需要这些基于前面的逆运动学的方法呢？这是因为求解逆运动学问题能更容易确定关节的运动。脚尖的运动是基于逆运动学的方法来确定的。另外，使用动作编辑器软件时，用户必须指定各关节的所有动作。如果机器人有很多关节，那么需要花费的时间随着关节数量的增加而增加。与有 1 个关节的机器人相比，有 10 个关节的机器人完成同一个动作需要 10 倍以上的时间。但是，使用基于逆运动学的方法无法做出使用反作用力的动作等更高级的动作。这两种方法需要根据做出的动作来选择使用。

VisiON 4G 不仅能生成并执行动作，还能在进行动作的过程中一边监测传感器信息，一边进行控制，以便像人一样能够不摔倒的同时又能稳定地进行动作。用于稳定动作的这个传感器就是前面提到的加速度 / 陀螺仪传感器。

以图 3.14 为例进行说明。加速度传感器可控制机器人在倾斜地面上站立。加速度传感器可以检测出重力施加的方向，将重力的方向与机器人的姿势进行比较，只要机器人始终保持在重力的方向上笔直站立，就不会摔倒。VisiON 4G 通过其脚踝上的电动机，实现了稳定站立。

图 3.14　利用加速度传感器可实现在倾斜地面上站立

陀螺仪传感器可以检测机器人身体旋转的速度。图 3.15 中的俯仰角速度和翻滚角速度分别表示点头方向的旋转角速度和身体左右倾斜方向的旋转角速度。传感器时不时地检查机器人的身体以怎样的速度旋转，如果超出预定速度，通过脚踝上的电动机可减小其旋转速度。

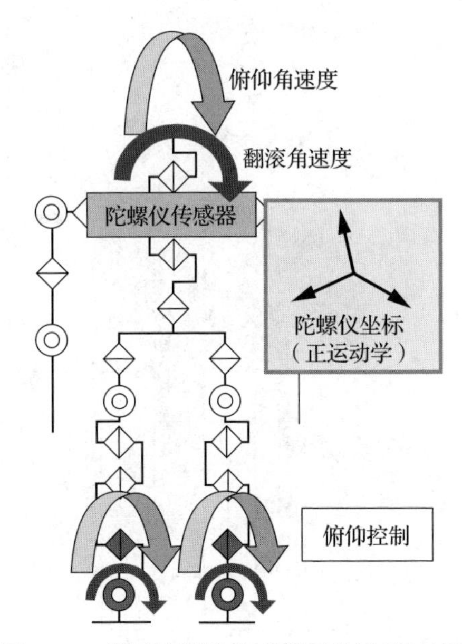

图 3.15　利用陀螺仪传感器可检测旋转速度

3.2　人形机器人的信息处理流程、传感器和手臂

3.2.1　人形机器人的信息处理流程

图 3.16 的上部所示是机器人的三大构成要素。感知和认识系统相当于人的知觉，可以获取外界的信息，知道自身的身体姿势，甚至在操作物体时，还可以获取必要的接触信息。判断和拟定系统对传感器收集的信息进行处理和判断，相当于人的大脑。机构和控制系统是实现应采取的行动的机构和控制部分。

下面让我们来看看在足球比赛中这些构成要素是如何进行实际处理的。考虑机器人给己方传球的情况。首先使用摄像头捕捉外面的情况（外界的知觉）。在这些信息中，找到己方队友、对手、球和球门（外界的建模）。然后思考（计划）向哪里传球并执行（任务的执行）。具体来说，机器人必须启动电动机来踢球，发送完成这些行动的指令（对驱动系统的传递和控制）。最后，转动电动机，用脚踢球（向致动器系统输出）。这一系列的处理，通过感知和认识系统、判断和拟定系统、机构和控制系统的巧妙结合才得以实现，使机器人做出动作。人类也是如此，研究人类的认知科学也是如此。

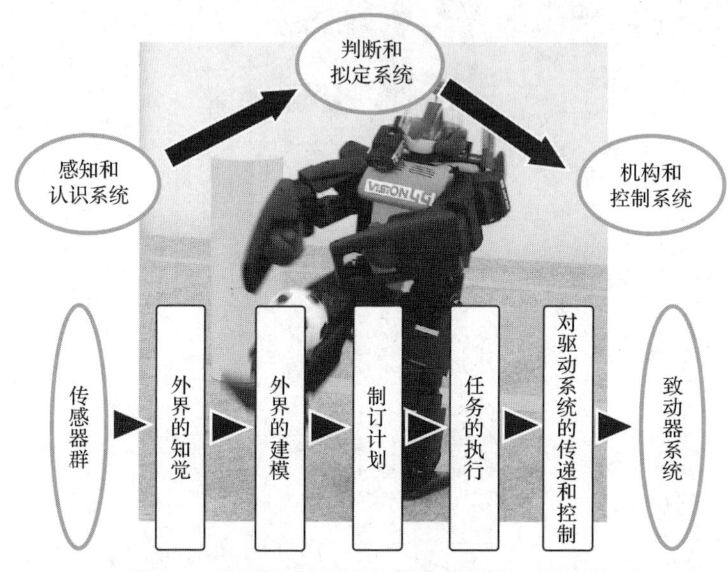

图 3.16　机器人的大致结构和处理的一般流程

3.2.2　人形机器人的传感器

在机器人的处理流程中，首先最重要的是感知和认识系统。如前文所述，机器人需要用到各种传感器（见图 3.17），有的传感器模仿人类的视觉，有的模仿昆虫和动物的构造。

在这些传感器中，用得最普遍、最广泛的是视觉传感器。例如，索尼 AIBO 系列（1999 年年初发售，最新版是 2017 年发售的 AIBO）作为家用机器人而广为人知，它使用 CCD 摄像头和 CMOS 摄像头（比 CCD 耗电量少且更小巧）作为视觉传感器。图 3.18 是配备了 CMOS 摄像头的第七代 AIBO“ERS-7”。2019 年，最新款的 AIBO 也配备了 CMOS 摄像头。

通过此类摄像头获得的影像数据中包含着各种信息，关键是要从中提取有意义的信息。来自摄像头的信息被传送到机器人的计算机时，记录着颜色和光的二维数据被转换成一维的数值数据，要从这些数据中提取有意义的信息。

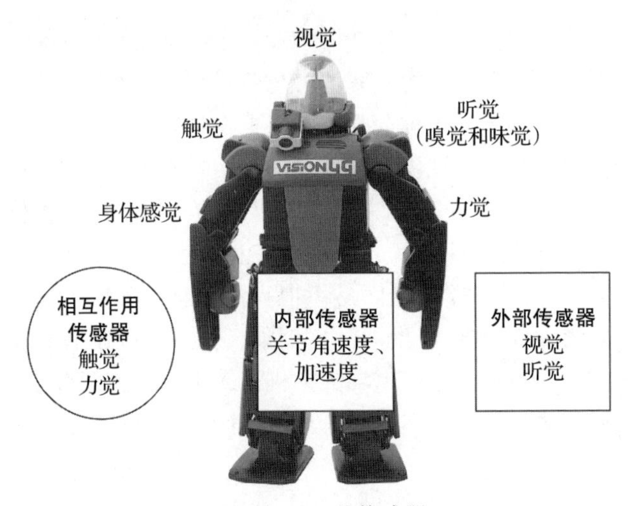

图 3.17　三种传感器

图 3.18　配备 CMOS 摄像头的“AIBO”(索尼)

在机器人足球赛中，如果不迅速地进行信息处理就会输掉比赛。为了便于处理信息，利用彩色信息来识别球和球门，以及双方情况。虽然形状和运动的信息处理也非常重要，但这些处理都需要时间。另外，为了确认自己的位置，检测场地界线（球场的白线）也很重要。这种情况下，比起颜色信息，提取亮度变化部分（称为边缘）的处理信息更为重要。

我们来介绍一下更高级的机器人的视觉。人有两个眼球，通过这两个眼球可以获得透视感。右眼和左眼看到的位置略有不同，看远处的物体时几乎没有差别，但是看近处的物体时就会有很大的差异。检测这个差异（称为视差）来测量距离，被称为双目立体视觉（立体视觉）。有很多机器人模仿人类的视觉，利用两个摄像头测量距离，同时调查环境的变化。

双目立体视觉的原理如图 3.19 所示。现在，假设用摄像头 1 和摄像头 2

捕捉到了视觉目标。图像 1 和图像 2 分别投影了视觉目标。摄像头与视觉目标的距离不同，图像 1 和图像 2 的投影位置也各不相同。距离越远差距越小，距离越近差距越大，这种差异被称为视差。根据这种视差，可以推算出摄像头到视觉目标的距离。双目立体视觉中最重要的是用右眼和左眼看同样的东西。对于机器人来说，这并不容易。右侧图像中出现的物体相当于左侧图像中的哪一个，这需要根据该物体的形状、颜色和各种特征来寻找。这一过程被称为应对问题。一般来说，人类能轻而易举地完成这项工作，但即使是人类，在看到难以区分的东西时也会产生混乱。例如，如果两眼都看到了黑白的竖条纹，人就无法把握距离感，会产生混乱。机器人不像人类那么聪明，所以在什么环境下可以使用这种双目立体视觉，对应的问题是否难解，都需要事先好好研究。

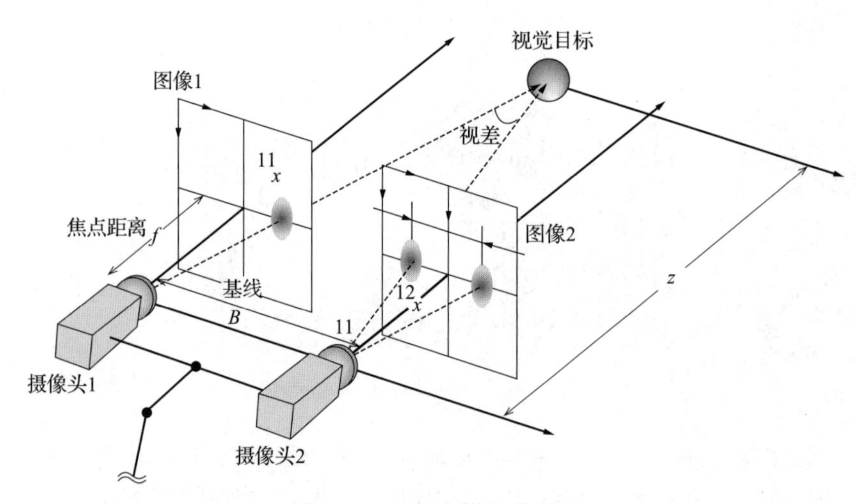

图 3.19　双目立体视觉原理

与人类的双目立体视觉相比，有一种准确测量距离的方法，那就是用光投影的距离测量法。将双眼立体视觉的一侧摄像头换成激光器等，再用另一个摄像头观测激光在物体表面的反射。通过激光器的强光，可以很容易地区分摄像头拍摄到的物体，也不会产生使用双目立体视觉时出现的对应问题。这种原理的距离测量装置被称为激光测距仪，在机器人足球比赛中得到运用，同时也被大量运用到工厂等机器人实际应用场景中。

另外，还有一种通过发出声音代替光来测量距离的装置，被称为超声波传感器。通过扬声器发出声音（超声波），再通过麦克风检测反射回来的声音。

这与蝙蝠的障碍物检测机制相同。这一声音被物体反射回来的时间与到物体的距离成正比，所以可以将时间换算成距离。另外，测量设备也仅由扬声器和麦克风组成，非常小巧且便宜。但是，根据物体的形状，声音的反弹幅度会有很大的变化，因此与摄像头的双目立体视觉和激光测距仪相比，其精度要差很多。因此，超声波传感器用在机器人身上时，主要用于检测附近是否有障碍物。

关于传感器的知识，我们将在第 5 章中详细叙述。

3.2.3　人形机器人的手臂

传感器数据的获取、处理、判断等是对信息的处理。与之相对应，具有电动机等可动部件的机器人的身体构造可以进行能量转换。通常把将得到的能量（电能）转换为动能的部件称为致动器。虽然也有使用空气和油等流体的致动器，但最常用的还是电动机（使用电的致动器）。

简单来说，一个致动器就能实现旋转或直行运动。电动机本身做的就是旋转运动，但也可以利用其机构做出直线运动。一个致动器能够实现的某个运动，被称为“具有 1 个自由度的运动”。因此，拥有 n 个电动机的机器人基本上具有 n 个自由度运动。

图 3.20 所示为机器臂和机械手（3 根手指）的例子。它们分别由与电动机驱动部分对应的关节和连杆关节的连杆部分构成。右边的机械臂有 6 个电动机，左边的机械手有 3 个电动机，总共有 9 个自由度。

但是，不同的组合执行工作时的自由度是不同的。举个例子，想想大家的手。虽然手有好几个关节，但是简单地握东西的时候，只需要开合，因此自由度为 1 就足够了。

图 3.20 所示的机械臂上装有 6 个电动机，运用手臂前端握住对象物并进行操作时，物体在三维空间上的自由度为 6 就足够了，其中包括三维空间（x、y、z 轴）的 3 个自由度与绕轴旋转的 3 个自由度。据说人类的肩膀到手腕的自由度为 7。这 1 个多出来的自由度也许可以用在其他的工作上。因此，即使我们把肩膀和手腕固定在桌子上，手肘也能活动。这种多余的自由度被用于躲避障碍物。

本节只介绍了手臂，但其实腿的原理与手臂的原理一样。通过像人一样拥有高自由度的腿，机器人可以更加灵活地做出动作。图 3.21 所示的早稻田大学研发的 WABIAN-2R，在一条腿上，从大腿到脚踝的致动器驱动的自由度为 6，脚尖不受致动器驱动，能够自由移动的自由度为 1，可以在腿的位置被固定的情况下进行膝盖的开合等动作。

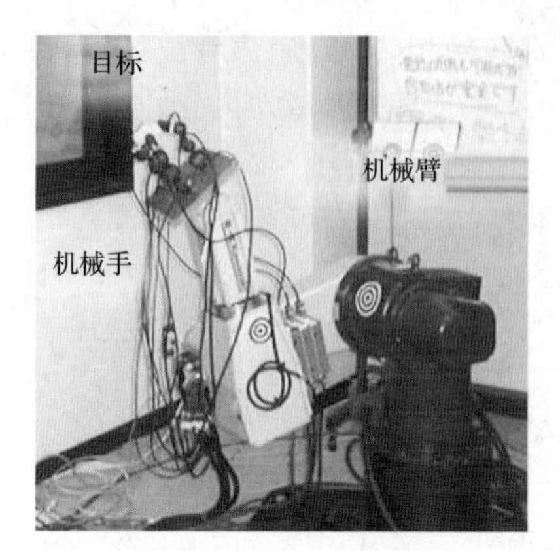

图 3.20　机械手（左）和机械臂（右）的举例

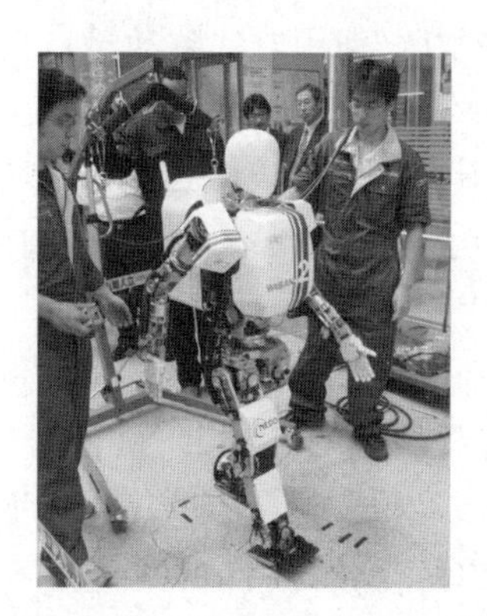

图 3.21　WABIAN-2R（早稻田大学高西淳夫研究室）

CHAPTER 4

第 4 章

电 动 机

主要内容

- ❑ 磁场和电磁力等电动机的基础。
- ❑ 各种电动机种类（直流电动机，步进电动机等）。
- ❑ 电动机（伺服电动机）的控制。
- ❑ 旋转力的传递机构。
- ❑ 其他代表性的致动器。

4.1 电动机的基础

如 3.2 节所述，机器人的关节上安装有电动机，电动机将电池的电能转化为动能。本节中我们将学习转化过程的原理。

4.1.1 磁铁与磁场

将磁铁靠近撒在纸上的铁粉，就会出现如图 4.1a 所示的图案。另外，如果在那上面放置磁针，磁针就会沿着铁粉形成的图案抖动。这表示磁场从 N 极延伸到 S 极，描绘磁场的假想线称为磁力线（见图 4.1b），磁力作用的空间称为磁场。另外，我们规定磁力线的方向为“从 N 极出发，指向 S 极”。另外，不同的磁极具有相互吸引的性质，所以朝向磁铁 N 极的磁极是 S 极，朝向磁铁 S 极的磁极是 N 极，这可以用“同极相斥”来表达。

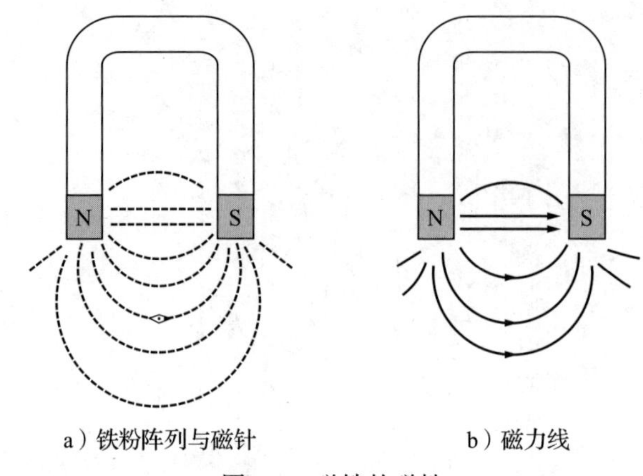

a）铁粉阵列与磁针　　b）磁力线

图 4.1　磁铁的磁性

4.1.2　电流引起的磁场

电流也会产生磁性。在纸上钻一个孔，穿过导线，然后在纸上撒上铁粉，给导线通电，于是铁粉描绘出以导线为中心的同心圆状图案（见图 4.2a）。另外，如果在纸上放置磁针，磁针会指向花纹的方向（见图 4.2b）。

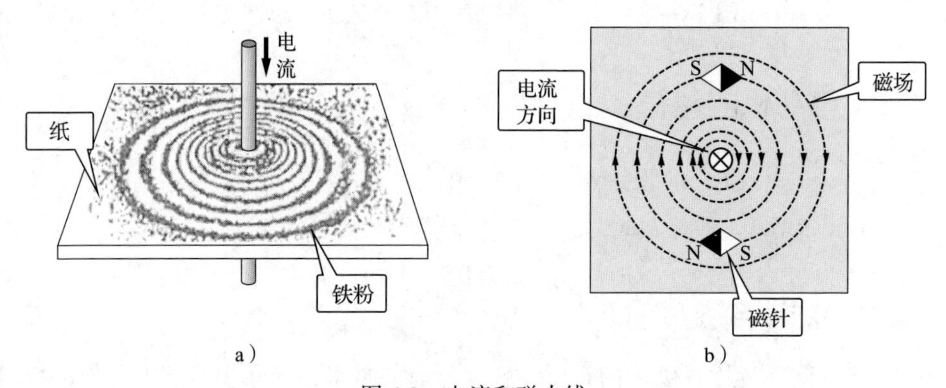

a）　　b）

图 4.2　电流和磁力线

由此可知：

1）电流周围产生同心圆状的磁力线。

2）由磁针的 N 极和 S 极的方向可以判断，图中电流引起的磁场（磁力线）的方向是顺时针旋转的。

3）电流的方向和磁力线的方向的关系是：将导线中电流的流动假想为一

颗螺钉右旋钉入木板，那么螺钉钉入的方向就是电流的方向，螺钉旋转的方向就是磁场的方向。

也就是说，右手拇指朝向电流方向握住导线时，其他手指的方向表示磁力线的方向，这一定则就是右手定则。

电流通过线圈时，每一个线圈都会产生磁场，但由于相邻线圈之间产生了方向相反的磁场，因此这部分的磁场相互抵消，线圈整体产生的磁场会贯穿线圈内部，形成了向外扩散的形式。将右手拇指以外的手指朝向线圈电流的方向握住线圈，大拇指的指向就与磁场的方向一致（见图 4.3）。如果在这个磁场内放置铁片，铁片在磁场的作用下会被线圈吸引。在铁心上缠上线圈，通过电流，铁心就会被磁化，变成强力的磁铁，我们称之为电磁铁。电磁铁的 N 极、S 极与电流流动方向的关系如图 4.3 所示。

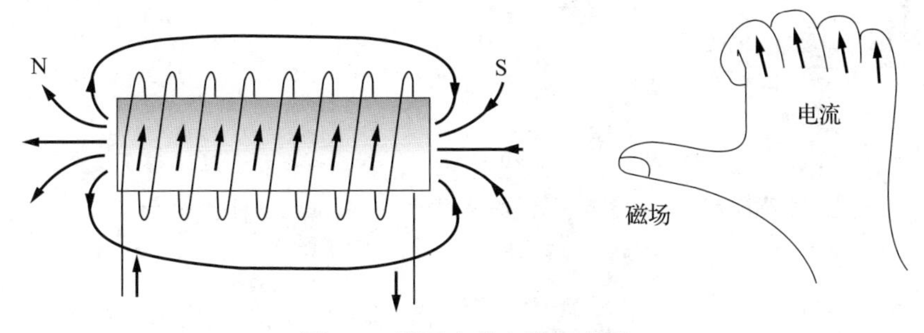

图 4.3 线圈中的电流和磁场

4.1.3 磁场中的电流

在 N 极和 S 极之间的磁场内放置导线，通入电流，导线便会受力（见图 4.4）。在图 4.4 中，有 N 极和 S 极之间产生的磁力线和电流产生的磁力线，但在电流上方的部分，由于这些磁力线的方向相同，因此整体磁力增强，磁力线变多。而在电流的下方，由于 N 极和 S 极产生的磁力线方向与电流产生的磁力线方向相反，作用力相互抵消而减弱，磁力线变少。由此产生的结果是，从磁力线多的一侧向磁力线少的一侧产生作用力，将导线（电流）向下推。可以将左手的大拇指、食指、中指相互成直角，食指朝磁力线的方向，中指朝电流的方向，大拇指就表示对导线（电流）施加的力的方向。这一定则就是弗莱明左手定则。

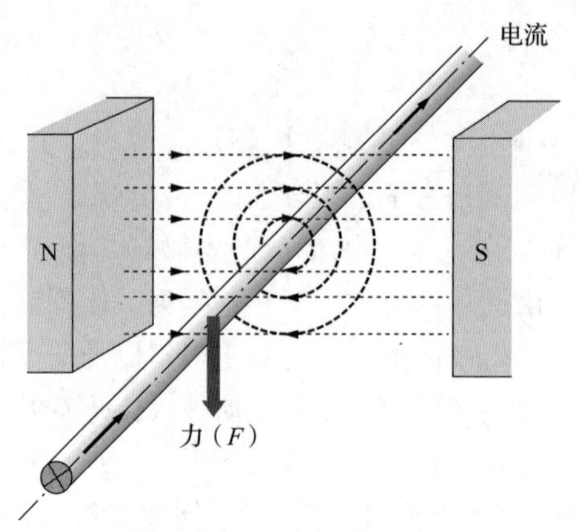

图 4.4 位于磁场中的电流

电动机的基础

◈ 磁场

磁铁有N极（正极，+极）和S极（负极，–极），异种磁极之间产生吸引力，同种磁极之间产生排斥力。磁力作用的空间称为磁场。将相同强度的磁极在真空中相隔1m处放置，将它们之间产生的6.33×10^4N的磁通量设为1Wb（韦伯）。

◈ 磁通量密度

将从1Wb的磁极发出的磁力线看作一根线，将它称为磁通量（因此从1Wb的磁极发出的磁通量为1Wb）。每$1m^2$截面的磁通量称为磁通量密度，用B表示，单位为T（特斯拉）。

◈ 电流和磁场

如果向右旋螺钉旋转的方向通电流，右旋螺钉的旋转方向上就会产生磁场。我们把这一情况称为安培定则（右手螺旋定则）。为了方便，如果电流从纸的正面通往背面，则电流方向用⊗表示；如果电流从纸的背面通往正面，则电流方向用◉来表示（参见图4.2）。

◈ 线圈

将导线以筒状缠绕多圈形成线圈（螺线管），并向其中通电流，就会产生通过线圈内部向外流动的磁场。磁场的方向与图4.3中的拇指的方向相同，即右手定则。

◈ **电磁力**

磁场内的电流会引起作用力，这种力被称为电磁力。磁通量、电流、电磁力的方向关系符合弗莱明左手定则，如下方左侧图所示。电磁力的计算如下。

电磁力的大小（N）＝磁通量密度（T）× 电流（A）× 磁场内部电线长度（m）

◈ **电磁感应**

如果在磁场中移动闭合导线使穿过导线的磁通量发生变化，从而产生电动势，并有电流流动。这种现象称为电磁感应，产生的电动势称为感应电动势。磁通量的方向、导线的运动方向、感应电动势的方向的关系符合弗莱明右手定则，如下方右侧图所示。

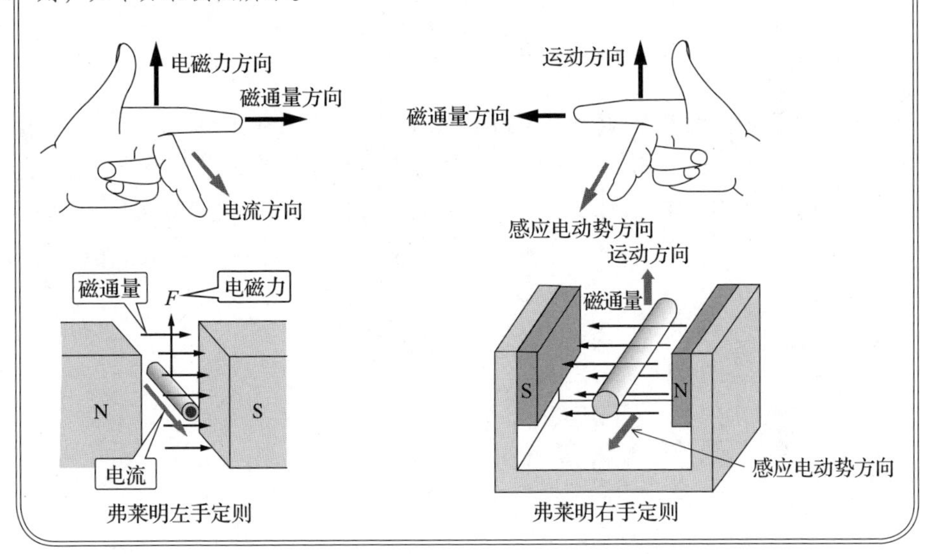

弗莱明左手定则　　弗莱明右手定则

4.2　电动机的种类

对于将电能转换为机械能的电动机，根据其控制方法和工作原理分为不同种类。下面介绍几个旋转致动器中具有代表性的电动机。

4.2.1　直流电动机

制作一个长方形线圈，使电流沿逆时针方向流动，将其放置在如图 4.5 所示的磁场中。根据弗莱明左手定则，线圈因两边受到相反方向的力而旋转。利用这种旋转力来致动的就是直流电动机。线圈中流过电流的方向在整流子（也称为换向器）的作用下每转半圈就会切换一次，但从磁铁的角度来看，电流总是维持在相同方向上流动的状态。

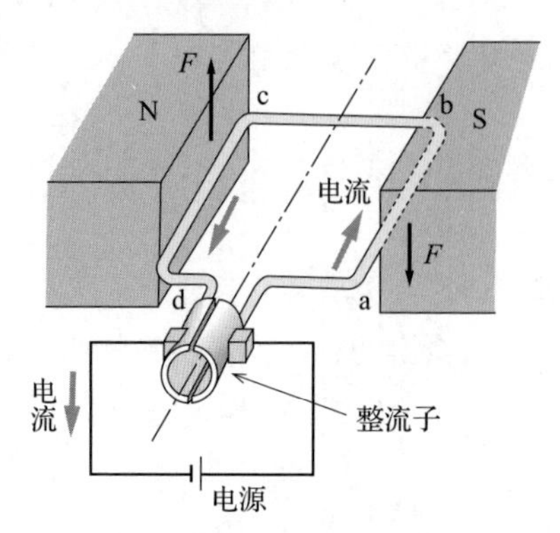

图 4.5　直流电动机的原理（线圈的作用力）

代替长方形的线圈，放置缠绕线圈的铁片（铁心）并施加电流，铁心就会变成电磁铁，电磁铁的 N 极和 S 极受到磁铁的 N 极和 S 极的吸引力和排斥力产生旋转力（见图 4.6）。如此一来，由于电流或电磁铁的作用力，电动机就能够旋转。

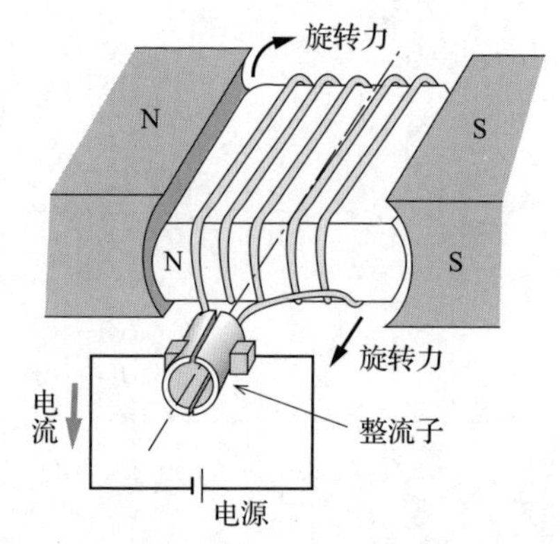

图 4.6　直流电动机的原理（电磁铁的作用力）

当负载恒定时，直流电动机的转速与电源的电压成正比（见图 4.7）。可以通过增减电路中的电阻来实现电压的调整，也可以通过开关来调节电压。

在电源接通（ON）的状态下，电流在恒定的电压下持续流动。但是，即使在相同的电压下，如果采用脉冲形式施加电压，有效电压也会降低。通过改变脉冲宽度来增加电压，使有效电压发生变化来控制转速的方法称为 PWM（脉冲宽度调制）控制（见图 4.8）。PWM 控制是通过计算机实现的。

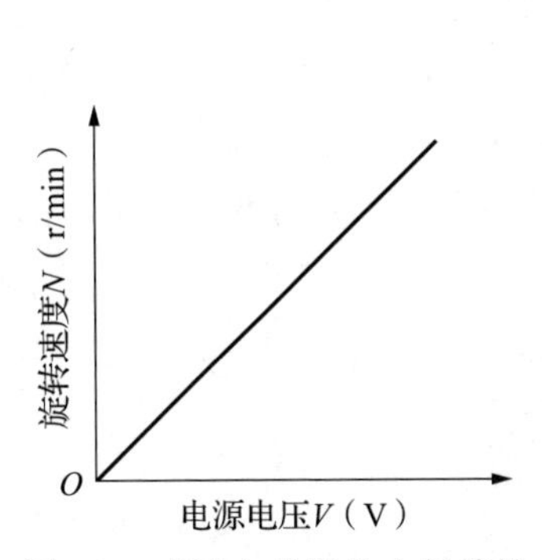

图 4.7 直流电动机的电气特性

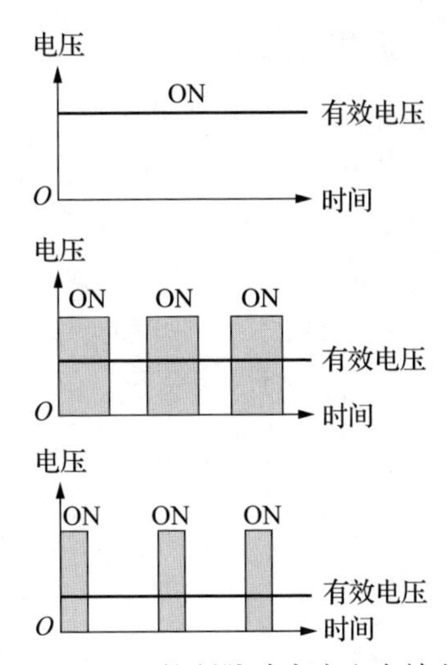

图 4.8 PWM 控制脉冲宽度和有效电压

直流电动机具有体积小、输出功率大的特点。图 4.9 所示的直流电动机以 5000rpm（rpm 表示 1 分钟内的旋转次数的单位）或更高的旋转频率运动。因此，在制造使用以直流电动机为动力的设备时，通常需要通过齿轮机构等来减速。

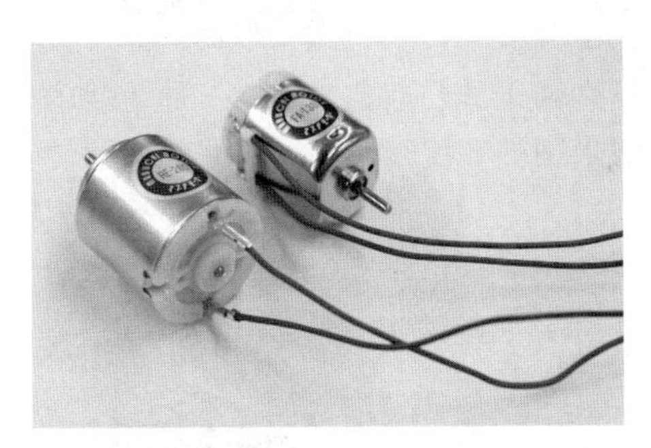

图 4.9 直流电动机（马布奇电动机公司制造）

直流电动机可以通过改变输入端的电压来改变转速。不过，由于无法向微控制器输入大电流，因此无法直接使用微控制器来启动大容量的直流电动机。为了使用微控制器驱动直流电动机，需要用晶体管等半导体部件制作其他电路（如 H 桥电路等）。

普通的直流电动机由于无法控制旋转角度，因此不适合单独使用来完成复杂的运动模式，而是通常与检测角度的传感器组合使用。关于传感器，我们将在第 5 章中详细介绍。

4.2.2 步进电动机

步进电动机的原理如图4.10所示。定子由6个线圈组成，转子有4个凸起。当开关S_A接通时，线圈A和A′磁化，吸引附近的转子的凸起。当开关S_A断开，开关S_B接通时，线圈B和B′磁化，吸引附近的凸起。因此，当开关以$S_A \to S_B \to S_C$的顺序切换时，每次都旋转一定角度。当开关以$S_C \to S_B \to S_A$的顺序切换时，旋转方向相反。如果向线圈施加脉冲电流来代替开关的切换，每次定子接收到脉冲信号后转子就会旋转。在一个脉冲信号下转子旋转的角度称为步进角。

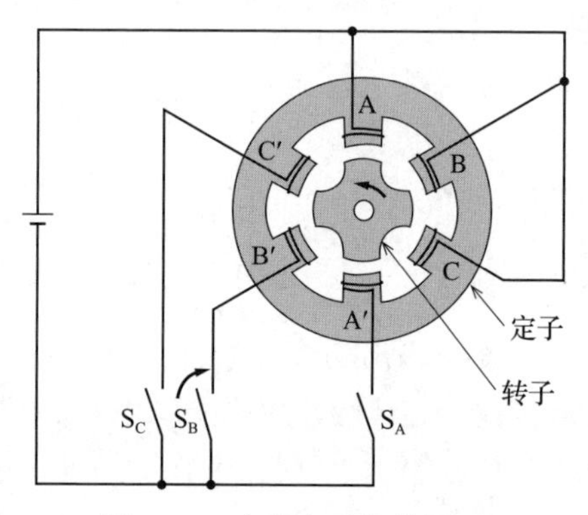

图4.10 步进电动机的原理

定子的线圈数量和转子的凸起数越多，步进角就越小，停止位置的控制精度也就越高。一般采用的方法是，在线圈的前端和转子凸起的前端增加齿数，以减小定子角。

图4.11展示了步进电动机的外观。小型的步进电动机可用于打印机和复印机等，大型的步进电动机用于机床等。

图4.11 步进电动机（多摩川精机公司制造）

用于控制步进电动机的微控制器电路和程序有些复杂，但是当需要精确的旋转运动时，它是一种使用非常方便的电动机。

4.2.3 交流电动机

1. 感应电动机

将如图 4.12 所示的圆筒形永磁铁顺时针方向旋转，形成旋转磁场时，相对于静止的线圈，磁通量会变化，因此转子线圈中会有电流流过。由于该线圈的电流在磁场中流动，因此线圈受到旋转力。感应电流遵循弗莱明右手定则，旋转力遵循弗莱明左手定则，所以磁场的旋转方向和转子的旋转方向相同。感应电动机用电制造旋转磁场，来代替用永磁铁制造旋转磁场，并使转子旋转。

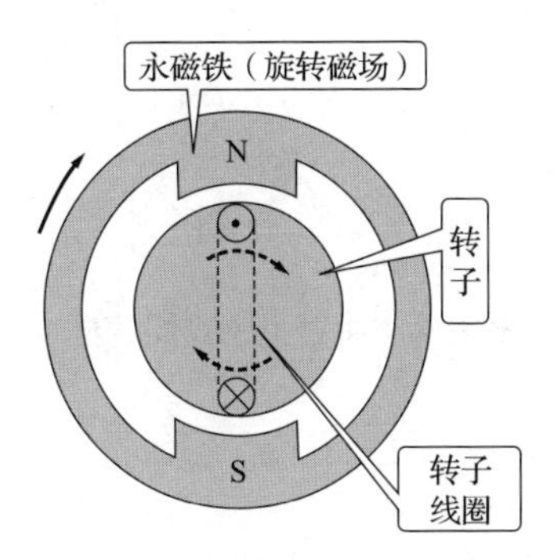

图 4.12 感应电动机的原理

三相感应电动机是具有代表性的感应电动机。在图 4.13a 所示具有 6 个插槽的铁心中嵌入具有 3 组端子（a–a′、b–b′、c–c′）的线圈，连接端子 a′ b′ c′，从端子 abc 输入三相交流电。这样一来，线圈 a 中流过电流 i_a，线圈 b 中流过电流 i_b，线圈 c 中流过电流 i_c，由于随着各电流的相变，各线圈的电流也随之变化（见图 4.14），因此产生旋转磁场。铁心内部的转子在旋转磁场的作用下旋转。转子在圆筒状铁心外侧有凹槽，其中嵌入铝合金，使两端短路，从而使感应电流流动。三相感应电动机的结构如图 4.15 所示。

旋转磁场的旋转速度（同步速度）由交流频率、N 极和 S 极的数量决定，如下式所示。

$$N_s = \frac{120f}{P}$$

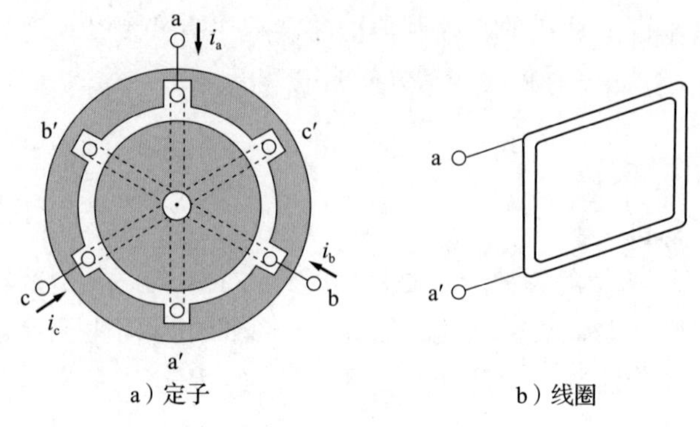

图 4.13　定子结构

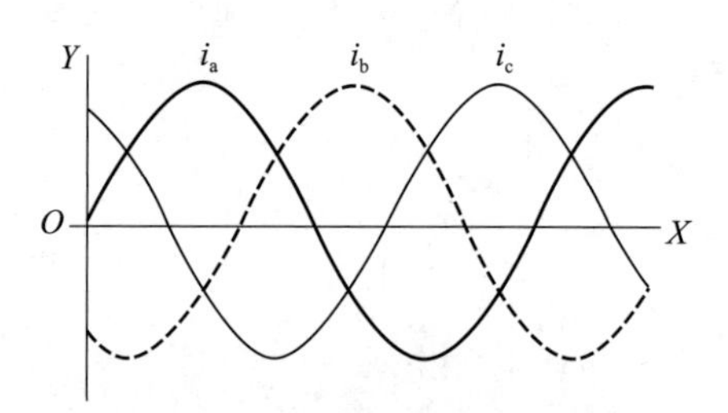

图 4.14　通过每个线圈的电流

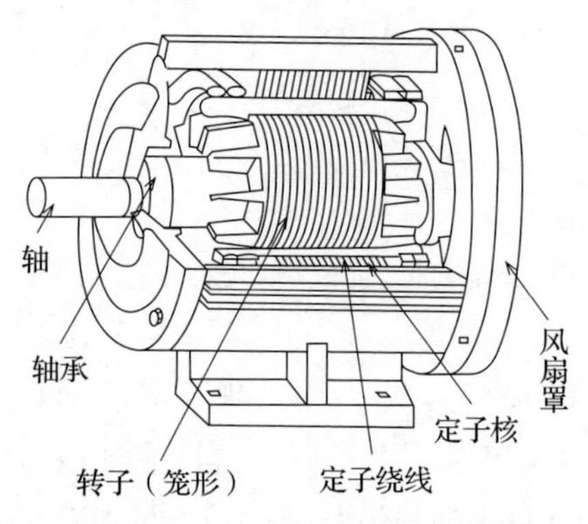

图 4.15　三相感应电动机的结构

式中，N_s 为同步速度（rpm），f 为交流频率（Hz），P 为 N 极数和 S 极数之和。为了产生电磁感应，转子的转速 N（rpm）必须小于同步速度 N_s。两者的速度之差（N_s–N）与同步速度（N_s）之比称为滑差率（s），由下式表示。

$$s = \frac{(N_s - N) \times 100}{N_s} (\%)$$

2. 同步电动机

同步电动机通过旋转磁场获得旋转力（与感应电动机一样），转子由磁铁制成电动机。同步电动机通过定子和转子的异极间的吸引力，以与旋转磁场相同的方向和相同的速度（同步速度）旋转。

3. 交流电动机

感应电动机和同步电动机等统称为交流电动机。特别是同步电动机，由于没有电刷产生的粉尘和火花，安全可靠，并且易于维护，因此可运用于工业用机器人和数控机床等。

各种电动机

◈ 线圈上的作用力

如下图所示，线圈处于磁场内，当电流流过时，线圈 a–b 之间和线圈 c–d 之间会产生大小相同但方向相反的力，由此线圈旋转。

这种旋转力被称为力矩。力矩（N · m，牛 · 米）如下表示。

力矩（N · m）= 磁通量密度（T）× 电流（A）× 磁场内电线的长度（m）× 线圈的宽度（m）

如果线圈的卷数为 n，则力矩为单卷线圈力距的 n 倍。

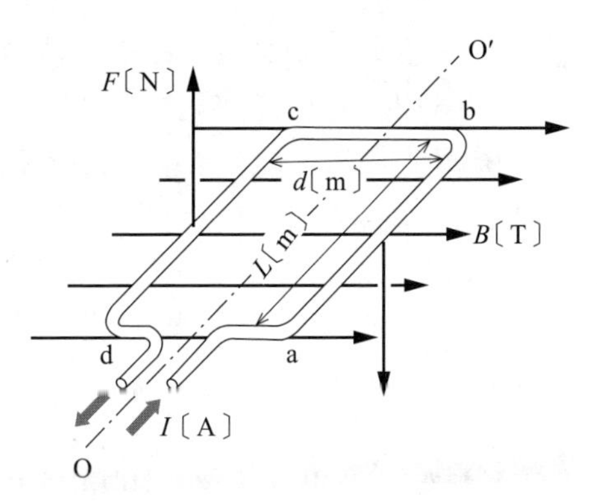

◈ 三相交流电

如下图 a 所示，如果将 3 个线圈两两错开 120°，放置在磁场内，使其旋转，则各线圈产生电动势。由于线圈在远离磁场的情况下产生运动，因此各个线圈的电动势呈“零→正→零→负→零”的变化。各线圈的电动势关系如下图 b 所示，由于相位偏移 2π/3(rad，弧度)，所以各电动势（e_a、

e_b、e_c）的和始终为零，这就是三相交流电。实际上，在发电站中发出的电就是三相交流电。

电线有 6 根（2×3），但由于电动势的和为零，因此电流的和也为零，所以 3 根电线就可以完成三相交流电。

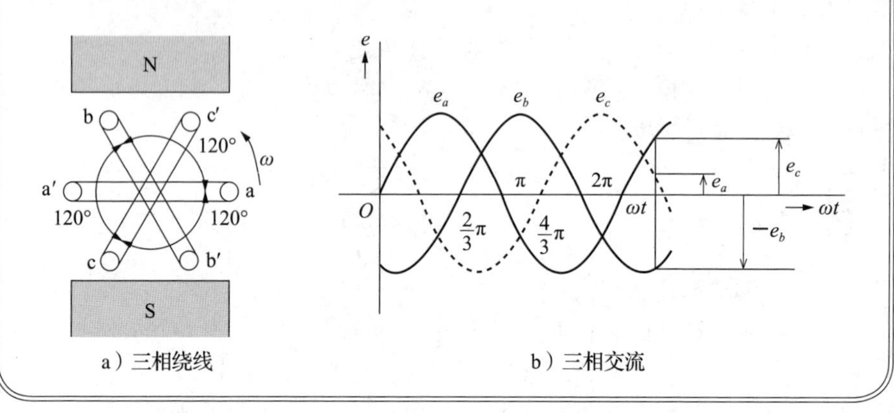

a）三相绕线　　b）三相交流

4.3　伺服系统

4.3.1　伺服系统的基本构成

伺服系统广义上是指反馈系统，狭义指“跟踪物体的位置、方位、姿态等控制量（输出）和目标值（输入）的任意变化的自动控制系统”。

图 4.16 为伺服系统的原理说明图。伺服系统主要由 2 个电位计（电位计 1 和电位计 2）、直流放大器、伺服电动机和旋转负载组成。2 个电位计的作用是检测目标值 θ_1 与负荷 θ_2 的旋转角之间的差。电位计是旋转式的可变电阻器，用电位计 1 设置希望电动机停止的位置。当伺服电动机旋转时，电位计 2 的电阻值随旋转量的变化而变化。

θ_1 和 θ_2 存在差值时，两个电位计的电阻值便会产生差值，与差值成比例的电压 e 被输入到放大器中。从放大器输出相当于 e 的电压，根据该电压，伺服电动机以差值减小的方式旋转。当 $\theta_1 = \theta_2$ 时，伺服电动机停止旋转。

图 4.16 所示的伺服系统一般可以用图 4.17 中的框图来表示。伺服系统由负载控制对象、致动器操作单元、控制器（用于根据控制动作或控制算法进行运算处理并对能量进行放大），以及传感器（检测单元）组成。致动器是伺服系

统的核心组成部分。传感器用于检测控制量的变化，并将其转换为电信号，反馈给输入端。

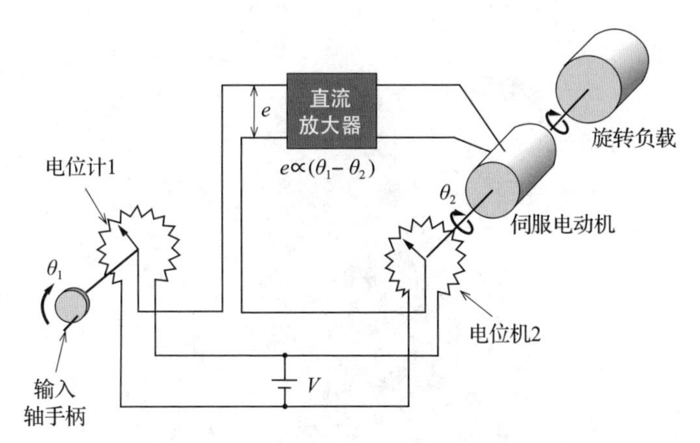

图 4.16 伺服系统（致动器的驱动和控制）

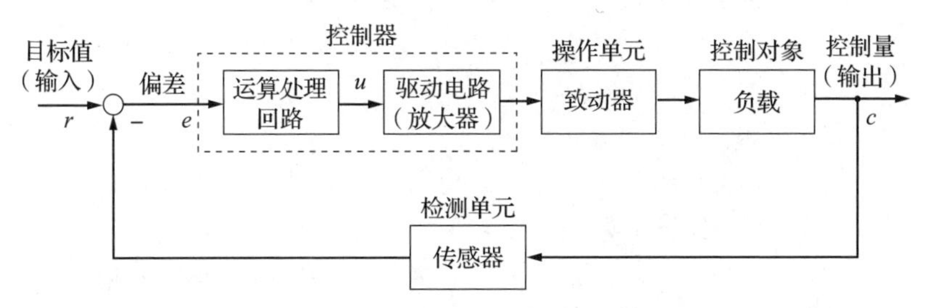

图 4.17 伺服系统框图（致动器的驱动和控制）

在反馈控制中，控制器被配置为使偏差 e 为 0 或最小的状态。用于控制致动器的系统通常具有反馈控制系统。反馈控制系统也被称为闭环系统。与此相对，没有反馈回路的控制系统就是开环系统。部分致动器（例如步进电动机）也采用这种开环方式进行控制。

4.3.2 R/C 伺服电动机

日常最常见的伺服电动机是如图 4.18 所示的用于遥控模型的 R/C 伺服电动机。R/C 伺服电动机在树脂或金属外壳内装有直流电动机、控制电路、减速齿轮机构以及用于检测旋转角度的机构（可变电阻器等）。

R/C 伺服电动机的特点是通过内部的减速齿轮机构，获得比较大的驱动力矩。它的种类丰富，可根据脉冲信号决定旋转角度，并且可进行微机控制。另外，通过使用专用的R/C接收器，可以轻松地通过无线遥控（遥控机）控制电动机。

图 4.18 R/C伺服电动机（双叶电子工业制造）

伺服系统

◈ 反馈机制

反馈控制是将控制量的值返回到输入端，与目标值进行比较并进行校正的控制方法。反馈控制为闭环，其一般结构如下图所示。

首先设定目标值，将基准输入信号发送给比较器。但是，由于受到干扰，控制对象的控制量和目标值不一致，因此比较器将基准输入信号与反馈信号进行比较，将它们的差作为控制动作信号发送给控制单元。

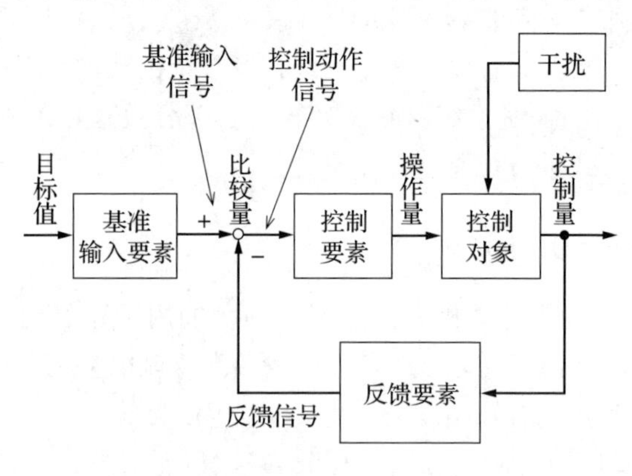

◈ 直流伺服电动机的数字伺服机构

闭环控制中有模拟反馈和数字反馈，而直流伺服电动机的伺服机构多由数字反馈构成（见下图）。它由位置控制单元、速度控制单元、驱动电路单元、内部传感器单元构成。通过接收来自传感器单元的位置数据信号和速度数据信号，进行反馈控制。

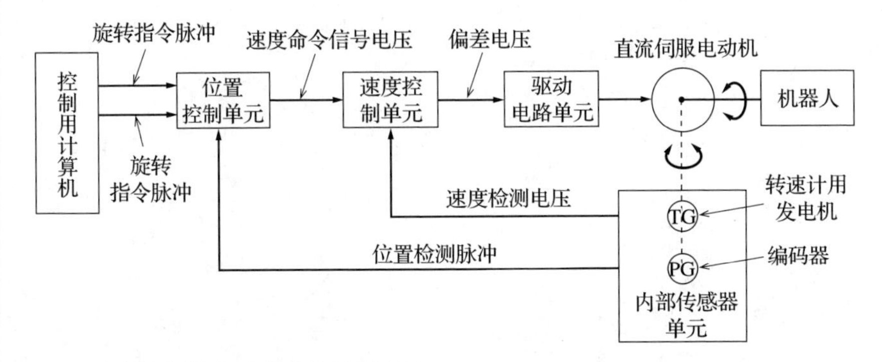

◈ 通过步进电动机进行的控制

步进电动机根据脉冲信号的数量，以步进角为单位进行旋转，并控制旋转角。步进电动机的旋转速度根据施加的脉冲的频率而变化，即在低频脉冲下为低速旋转，在高频脉冲下为高速旋转。将机器人的手臂移动到目标位置时，步进电动机以较低速度启动，然后逐渐减小脉冲间隔并提高速度，达到目标速度后进行等速运转。当机器人手臂接近目标位置时，增大脉冲间隔来减速，在目标位置停止。该过程利用计算机来改变脉冲间隔。

4.4 运动与力

电动机进行旋转运动时，通过使用各种机构将这种旋转运动转换成其他运动，例如“让鱼形机器人的鳍运动”等。下面对运动形式的变换方法、电动机的选定等所需要的“力”和“力矩”进行说明。

4.4.1 旋转运动和往返运动

运动的形式有旋转运动和往返运动。微机设备和机器人等利用往返运动的情况越来越多。因此，图 4.19～图 4.21 所示的是将旋转运动转换为往返运动的机构。

图4.19的机构称为曲柄机构，是将进行旋转运动的曲柄盘和进行往返运动的滑块通过连杆连接而成的机构。它是将旋转运动转换为往返运动的代表性机构之一。

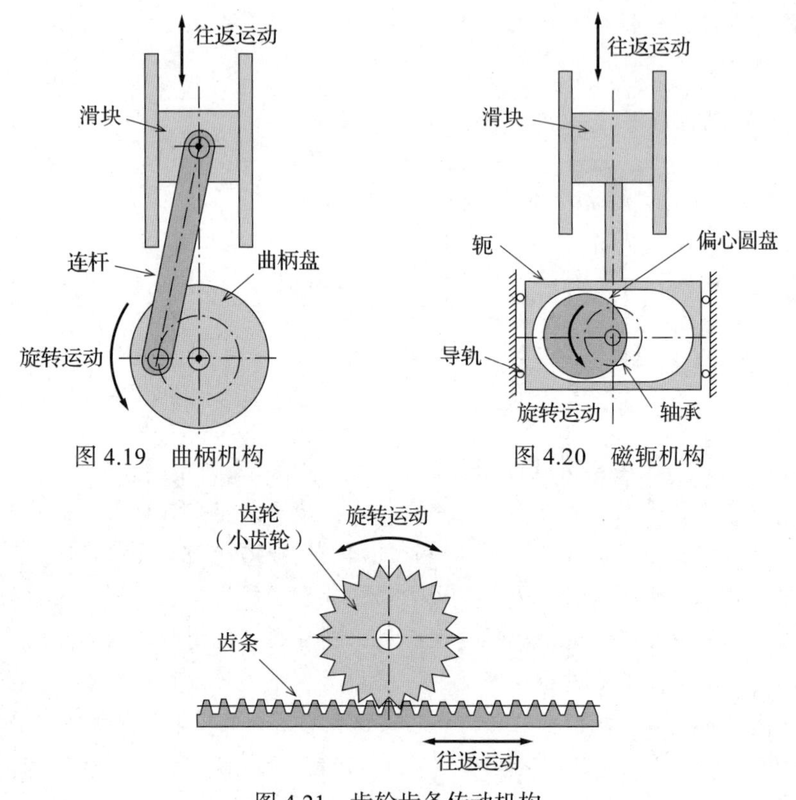

图4.19　曲柄机构

图4.20　磁轭机构

图4.21　齿轮齿条传动机构

图4.20的磁轭机构是通过转动偏心的圆盘，使磁轭进行往返运动的机构。通过在磁轭上安装直动导轨，可以得到正确的直线运动。

图4.21的齿轮齿条传动机构是由旋转的齿轮（小齿轮）和齿条（以直线状安装的齿轮）组合而成的机构。

4.4.2　力、力矩、功率

在选择电动机或设计动力传递机构时，了解所需的力的大小、力矩和功率是非常重要的。

1. 力

力的单位用N（牛顿）表示。1N被定义为“能使质量为1kg的物体以$1m/s^2$的加速度运动所需的力”。在地面上受到约$9.8m/s^2$的重力加速度（用g表示，$1g=9.8m/s^2$）的作用，因此质量为1kg的物体受到向下的9.8N的力（见图4.22）。

2. 力矩

力矩是表示旋转力大小的指标，以“力 × 长度”的形式［以牛·米（N·m）为单位］表示。如图4.23所示，在电动机上安装滑轮并拉起质量为m（kg）的重物时，旋转轴的力矩T_q(N·m）用重物产生的重力F(N）和滑轮半径R(m）的乘积［$T_q=FR$（N·m），即$F=mg$（N）］表示。在市面上销售的电动机和动力传递部件上，都标明了最大力矩或额定力矩的值，不能在力矩超过额定力矩的情况下使用。

3. 功率

功率表示每秒做的功（= 力 × 距离），单位用W（瓦特）表示。功率用每秒钟的旋转数f(Hz）和力矩T_q(N·m）来计算，$W=2\pi T_q f$（见图4.24）。电动机等部件的耗电功率用电压（V）和电流（A）的乘积［耗电功率（W）= 电压（V）× 电流（A）］求出，与输出功率一样，其单位为W（瓦）。用电动机驱动机器时，要选择耗电功率大于机器输出功率的电动机。这里的Hz是1s内的旋转圈数的单位［f(r/s)］。

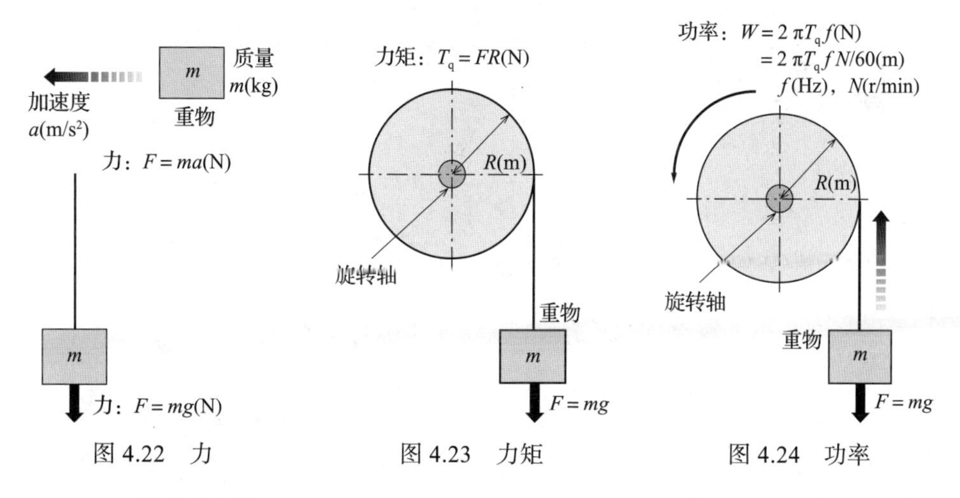

图4.22　力　　图4.23　力矩　　图4.24　功率

4.4.3　连杆机构

连杆是指一端有支点的棒状物，连杆机构是通过组合多个连杆来传递运动的机构。通过改变连杆的长度和支点的位置，可以调整运动轨迹、速度和方向。连杆机构的种类较多，图 4.25a 是传递相同运动的连杆机构，图 4.25b 是增加运动速度的连杆机构，图 4.25c 是减速的连杆机构，图 4.25d 是改变运动方向的连杆机构。

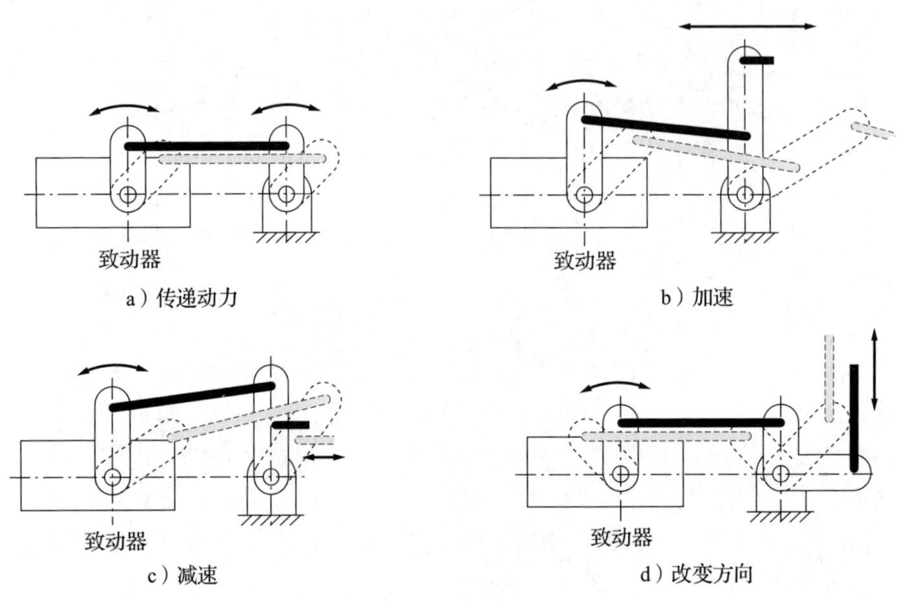

图 4.25　连杆机构

运动与力

◈ 机构

为了使机械运动，需要几个关节轴（两个机械元件的组合，例如轴和轴承的组合，称为旋转轴）依次连接来传递力和运动。连接关节轴的机构叫作连杆。

起到传递力和运动作用的部件称为关节。关节根据力的作用效果的分类如下表所示。

关节的材料	传达的力	关节举例
刚性固体	拉力、压缩力、旋转力	连杆、杆、轴
软性固体	拉力	皮带、绳子
流体	压缩力	水、油、空气、蒸气

根据关节轴和关节的种类和数量的不同，连杆有很多种类。下图是用旋转轴制成的4关节连杆，各关节可以进行相对运动。把连杆的一个关节固定在静止框架上的结构称为机构。

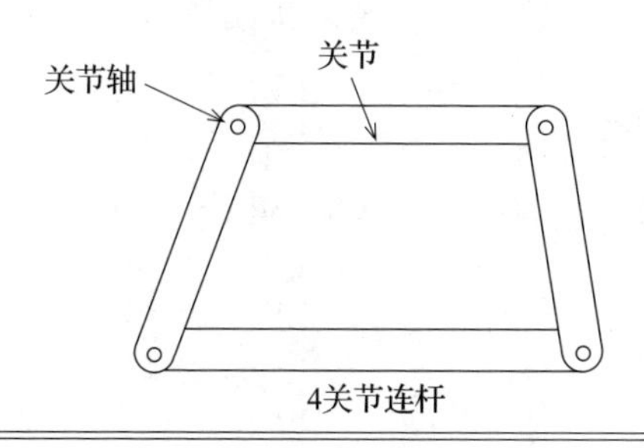

4.5 其他致动器

致动器不只是像电动机那样旋转，有可以做笔直运动的直动致动器，有可以产生振动的振动致动器。本节中我们将介绍这些致动器。

4.5.1 直动致动器

有些直动致动器使用压气缸（也称为气动气缸）来致动，其基本结构如图4.26所示。

压气缸是向圆筒（气缸）输送空气（液压气缸的情况输送油）以改变活塞位置的机构，活塞位置根据输送空气的压力而变化。压气缸的结构非常简单，可以在活塞的前端安装杆，作为直动致动器使用，也可以通过杆和曲柄作为旋转致动器使用，是一种使用非常方便的致动器。但是，为了产生高压力，需要大的压缩装置（压缩机）。以目前的技术来看，用小的压缩机很难获得高压力，如果将该致动器用于机器人，机器人尺寸就会随着压缩机的变大而变大。相反，只要能确保放置下大压缩机，就能通过压气缸实现具有非常大的力量、因直动而自然运动的机器人。

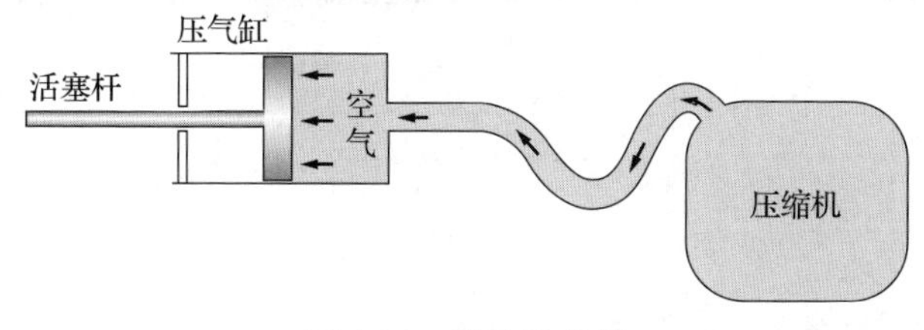

图4.26 直动致动器

4.5.2　振动致动器

振动致动器的代表之一是压电元件（见图 4.27）。

压电元件是将施加在元件上的力转换为电压，或将施加的电压转换为力的元件，其材质为钛酸钡等陶瓷结晶体，如果对结晶施加电压，就会发生形变。如果施加 1 000 000 V/m 的电场，就会产生 0.001m 左右的形变。利用这种性质的产品有超声波电动机和电子蜂鸣器。另外，利用施加形变就会产生电压这一性质的还有陀螺仪传感器和振动传感器。

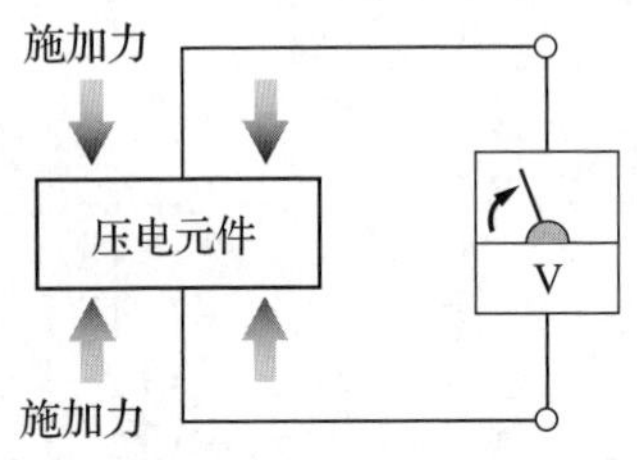

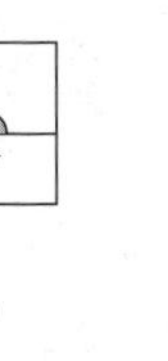

a）由压电元件的极化产生电荷

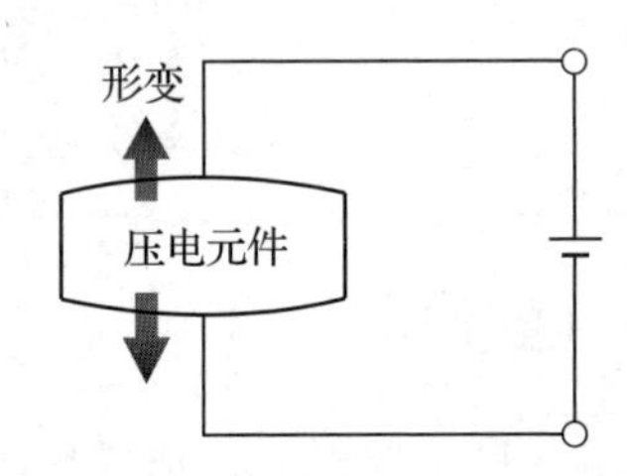

b）施加电压到压电元件上元件就会变形

图 4.27　压电元件

其他致动器

◈ 气动致动器

利用空气气压的动力装置称为气动致动器。气动致动器包括压气缸和气动电动机。压气缸在密封的容器内，通过压缩空气使活塞移动，并通过连接到活塞的活塞杆向外释放力量。压缩空气的出入口（端口）在两端，活塞可以双向移动的称为双动气缸。端口只有一个，且利用弹簧返弹活塞的称为单动气缸。另外，活塞杆仅位于气缸一侧的称为单杆气缸，位于两侧的称为双杆气缸。下图是单杆双动气缸的实例。

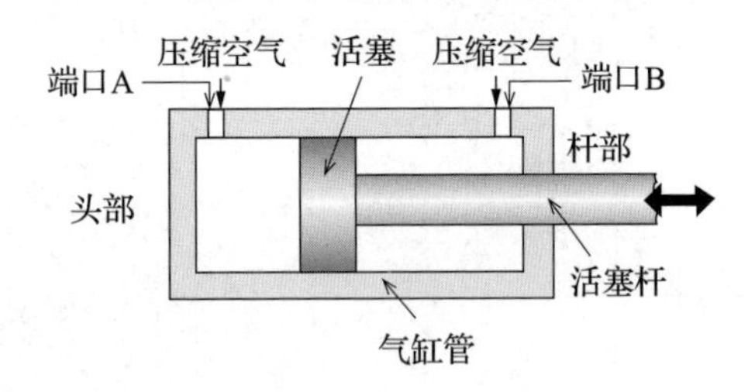

气缸活塞杆输出的力的大小由下式表示。

输出的力（N）= 空气压力（MPa）× 活塞面积（mm^2）

◈ 液压致动器

液压致动器包括液压气缸、液压电动机等。液压气缸利用液压进行直线运动。它们被用于土木工程、建筑机械和控制装置中。液压电动机是利用液压的旋转运动的电动机，主要用于混凝土混合器和绞车等需要较大力量的器械。液压致动器与气动致动器相比，具有以下优点：

- 通过小型装置获得巨大的力量。
- 能准确地进行定位和速度的控制。
- 可以流畅地运作。

◈ 压电致动器

对水晶和氯酸盐等结晶施加压力就会产生电压，向结晶施加电压就会产生变形的现象称为压电效应。利用这种现象的致动器被称为压电致动器。压电材料一旦被施加高电压，就会发生极化（电荷偏向存在的现象），从而产生压电效应。具有压电效应的元件称为压电元件。

压电元件在极化方向上受到电压，就会向所受电压的方向延伸，并向垂直于所受电压的方向收缩。当在极化方向相反的方向施加电压时，压电元件就会发生相反的变形。在压电元件上施加高频交变电场，并利用其产生机械共振的致动器有超声波电动机。在超声波电动机中，弹性环粘贴在环形压电元件膜上，转子压靠在弹性环上。在压电元件中施加交变电场，压电元件就会伸缩，弹性环变形，产生行波。弹性环的前端呈与行波相反方向的椭圆运动，由此来使得转子旋转。

超声波电动机虽然需要高频电源，但由于体积小、重量轻、响应速度快、可控性好，因此被用于摄像头的自动对焦装置中。

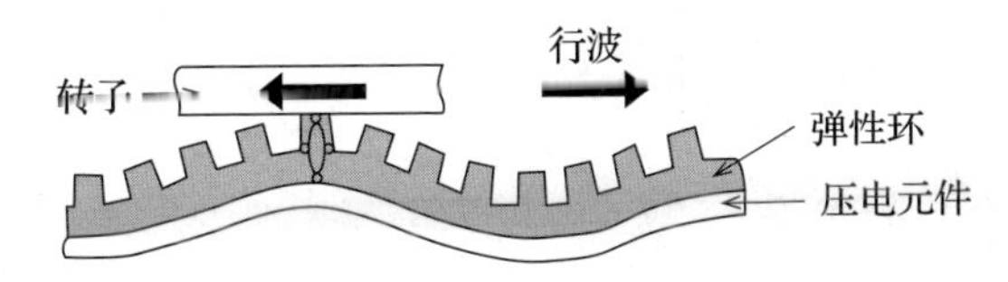

◈ 螺线管

螺线管利用了电磁铁的吸引力。螺线管除了用于产生直线机械运动外，还可用于控制空气压力或油压装置的电磁阀。下图显示了螺线管的工作原理。如果向中空的线圈通电，线圈中的可动铁心就会被拉到线圈的中心，使其左侧部分产生拉力，右侧部分产生推力。利用拉力的称为拉式螺线管，利用推力的称为推式螺线管。切断电流后，可动铁心利用弹簧的力回到原来的位置。有时还将螺线管安装在垂直方向上，利用重力使可动铁心返回原位。可动铁心的可利用移动距离称为行程。

螺线管分为使用直流电的直流螺线管和使用交流电的交流螺线管。向线圈施加的电压：直流电压为0～100V左右，交流电压为100V或200V。吸附铁心的力与电压的平方成正比，使用时要注意电压的变化。

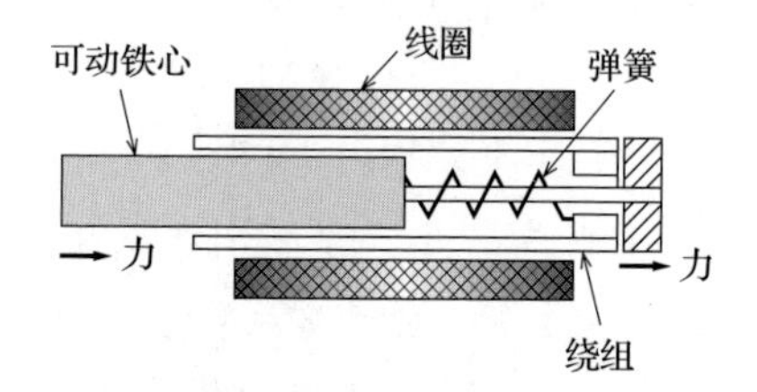

◈ 形状记忆合金

一方面，一般金属在弹性变形范围内受力就会变形，消除受到的力就会恢复原状。但是，如果对金属施加弹性变形范围以上的力，金属就会产生塑性变形，即使消除受力，也不会恢复原来的形状。另一方面，镍钛合金和铜锌铝合金经过特殊热处理后，可记录高温时形成的形状。也就是说，它们即使发生弹性变形范围以外的变形，也可通过消除力并加热来恢复原来的形状。这种金属被称为形状记忆合金。

在金属中，金属原子有序排列，形成结晶结构（见下图a）。对结晶施加力时，结晶状态有由于原子的位置移动而变形的情况（见下图b），也有由于结晶的形状直接变形的情况（见下图c）。前者的结晶变形现象称为扩散变态（扩散相变），后者称为马氏体变态（马氏体相变）。马氏体变态是在某一温度以下发生的，温度上升后具有恢复原来结晶结构的性质。形状记忆合金在某一温度以下变形时，马氏体变态增加，变形后提高温度，结晶结构恢复到变形前的状态，形状也恢复到原来的形状。

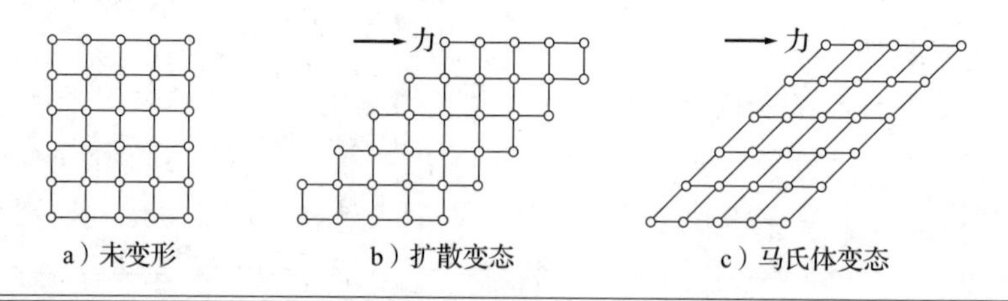

a）未变形　b）扩散变态　c）马氏体变态

下图是用于机器人中的形状记忆合金元件。常温下，由于偏置弹簧的作用，可移动元件位于右侧，但如果向形状记忆合金施加电流，则温度上升，形状记忆合金为了恢复原来的形状而伸长，使可移动元件向左移动。

形状记忆合金具有传感器和致动器的功能，被用于空调出风口的自动调节和电饭煲的蒸汽压力控制阀等方面。

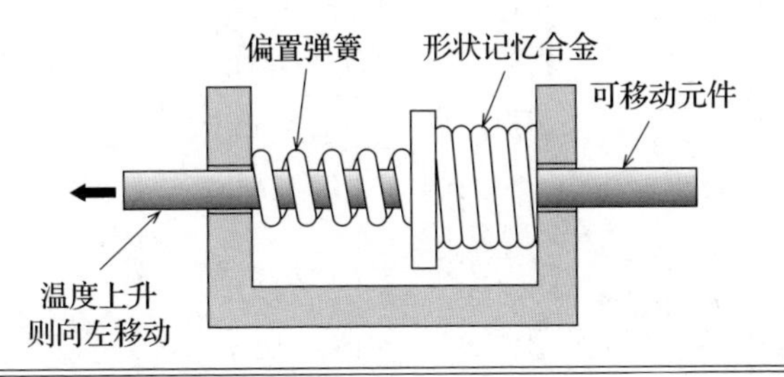

CHAPTER 5

第5章

传 感 器

主要内容

- ❑ 传感器的种类。
- ❑ 外部传感器的种类和构造（视觉传感器、触控传感器等）。
- ❑ 内部传感器的种类和构造（角度传感器、旋转编码器等）。

5.1 概述

用于机器人的传感器可以分为感知机器人内部状态的内部传感器、感知机器人周围情况的外部传感器，以及感知机器人处于什么状态的相互作用传感器。为了控制机器人的行动，至少要用到关节角度传感器等内部传感器，而周围的状况对于机器人而言是不可缺少的要素，因此，对于机器人的基本系统，外部传感器也是非常重要的。

感知周围的状况对于机器人来说非常重要，不仅如此，在各种领域中感知周围的状况也有着很高的重要性。例如，在天气预报中经常听到的AMEDAS（Automated Meteorological Data Acquisition System，自动气象数据探测系统）使用了测量气温、风向、风速、降水量、日照等数据的传感器。因此，传感器的开发历史比机器人还要长，各种类型传感器已经被开发出来。表5.1总结了常用于机器人的代表性传感器。

表5.1 常用于机器人的传感器

角度位移信息	电位计、光学式和机械式旋转编码器、分解器（极限开关）
距离信息	超声波距离传感器、激光取景器、红外距离传感器

（续）

语音信息	静电式（电容式）传声器、电动式（动圈式）传声器、压电式传声器
视觉信息	CCD 摄像头、CMOS 摄像头、摄像管［硅光电二极管、硫化镉单元（CdS）］
触觉信息	触控传感器（开关）、压敏导电橡胶、聚氟乙烯（PVDF）、光纤压力传感器、失真计
温度信息	白金测温电阻、热敏器、热电偶

那么，让我们来思考一下搭建一个机器人所需的传感器。首先设想机器人可能遭遇的情况，讨论必须要检测的信息。毫无疑问机器人必须能够移动身体，因此需要了解机器人做出姿势的关节角度。另外，人们希望机器人和人相遇后能与人互动，因此检测出对方是否为人类是不可或缺的功能。那么，用什么来检测对方是否是人类呢？以 ATR 智能机器人研究所开发的交流机器人 Robovie-R2（见图 5.1）为例，表 5.2 展示了它所用的传感器。

图 5.1 ATR 智能机器人研究所开发的交流机器人 Robovie-R2

如表 5.2 所示，机器人 Robovie-R2 通过视觉、听觉、触觉、距离和温度来检测对方是否为人类。例如，通过视觉可以检测人的皮肤和衣服的颜色，或者人的行动。如表 5.2 所示，每一种传感器都可以检测不同的信息，因此通过全部信息的互补利用，可以提高对人类存在或人类行动的检测准确度。

表 5.2　Robovie-R2 的传感器及其用途

传感器	用　途
电位计	关节角度测量
光学式旋转编码器	通过行走轮旋转角度进行自我位置测量
超声波距离传感器	对人、对物的距离测量
彩色 CCD 摄像头	面部区域提取、表情识别等
全方位视觉传感器	肤色提取，移动物体检测
电容式传声器	声音信息测量
触摸传感器（压敏导电橡胶）	接触检测
焦电传感器	红外线变化（温度变化）检测

5.2　外部传感器

5.2.1　CCD 摄像头（视觉传感器、全方位传感器）

视觉传感器的代表性产品有 CCD 摄像头。CCD 是电荷耦合元件英文名的（Charge Coupled Device）的缩写，简单地说，就是在平面上纵横排列传输电荷的元件（像素），传输的电荷与光量有关，其排列结构（称为阵列）如图 5.2 所示。例如，如果生产纵横排列 1000 个像素的阵列，就能用于生产 100 万像素的 CCD 摄像头。

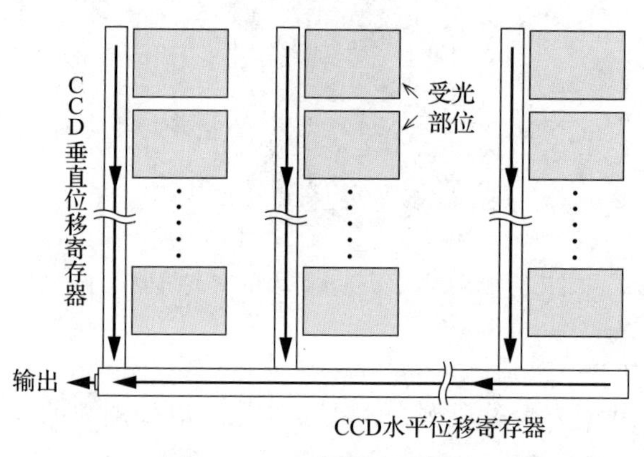

图 5.2　CCD 摄像头的结构

受光部位受到光照后，发生光电效应，表面产生电荷。这些电荷经过 CCD 的垂直寄存器和水平寄存器的顺序传输，在达到输出端之前转换为电压，以电信号的形式向外部传送。电信号作为影像数据记录在存储器中。现今，耗电量小、性能更好的 CMOS 摄像头常用于手机等领域。

另外，除了这些普通摄像头外，机器人还使用特殊的摄像头。近来，全方位视觉传感器（见图 5.3）被大量地使用。全方位视觉传感器能在水平方向上捕捉全方位 360° 的视觉信息。它由多个元件构成，其基本构成元件是全方位反射镜、镜头、CCD 摄像头。周围的状况会被全方位视觉传感器的全方位反射镜映出，反射镜上的影像通过镜头被 CCD 摄像头记录为全方位影像（见图 5.4）。

图 5.3 全方位视觉传感器示意图

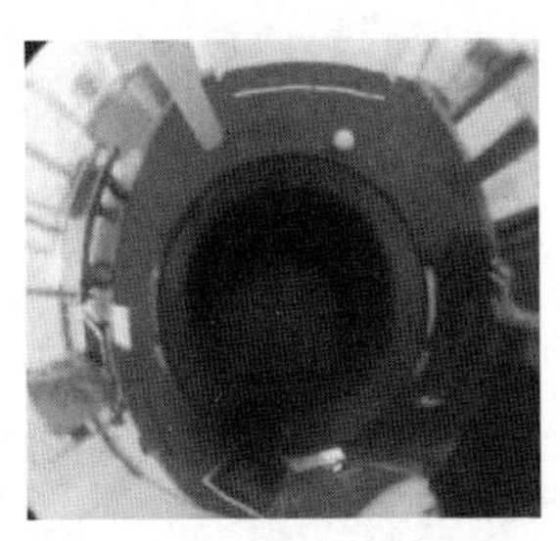

图 5.4 全方位影像示意图

机器人获取周围的情况时，使用普通摄像头，需要一张一张地排列图像信息来构建模型，但使用全方位视觉传感器，可瞬间掌握周围的状况，减少了建模的时间。另外，在追踪人类的时候，只要拥有全方位的视觉信息，机器人就能稳定地进行追踪。

此外，普通摄像头上也有各种创新，特别是红外线摄像头（见图 5.5），它对于能稳定追踪人类而言非常重要。带有鱼眼镜头的特殊形状的 CCD 摄像头也已试制成功，与人的视觉一样，它在中心附近分辨率高，在周边部分的分辨率低。理论上表明，如果使用该摄像头，移动物体的追踪和动作分析将变得更容易。不过，在实际应用中还存在着有关制造成本、计算机的接口等问题。

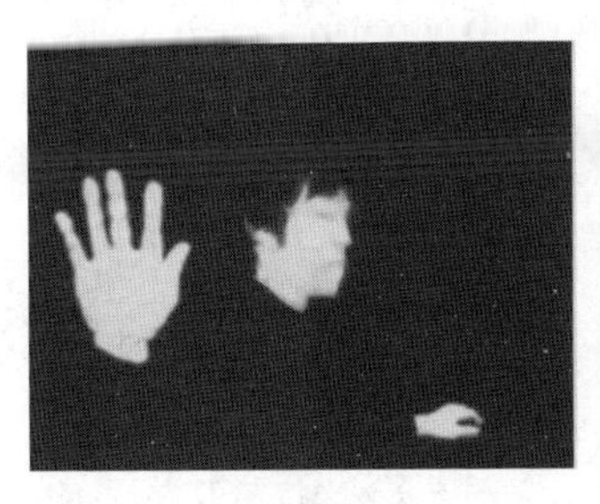

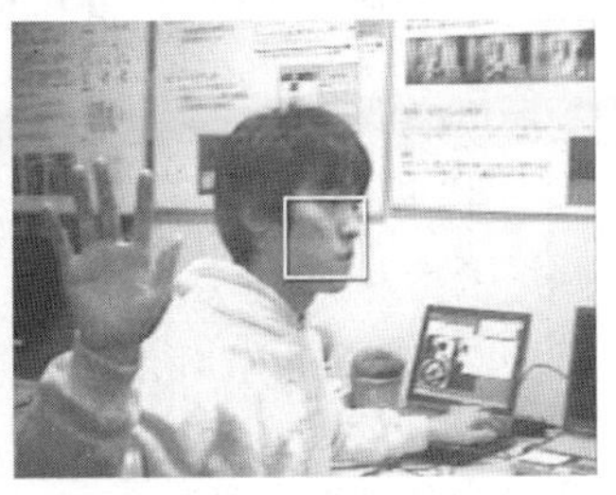

图 5.5 运用红外线摄像头追踪人类

5.2.2 传声器（听觉传感器）

传声器嵌入在日常使用的各种装置中并被大家所熟悉，在机器人领域，传声器也常被用作听觉传感器。

具有代表性的传声器是静电式（电容式）传声器（见图5.6），它由振动膜和固定电极组成，其优点是频率特性好，且体积小。频率特性是指传声器能够检测到的频率宽度。频率特性好意味着既可以检测到频率高的声音（高声），也可以检测到频率低的声音（低声）。其他常用的传声器还有电动式（动圈式）传声器和压电式传声器。

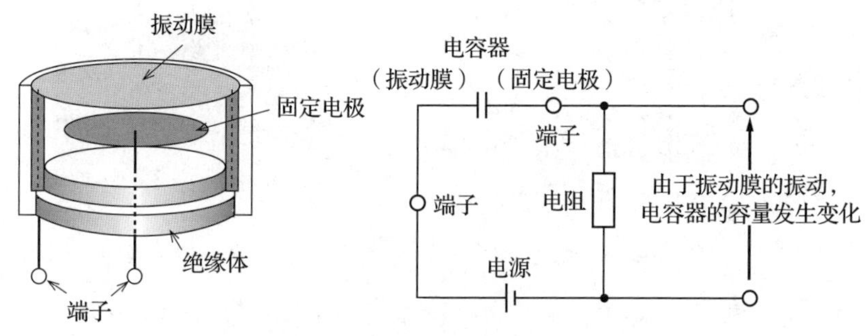

图5.6 电容式传声器的结构

5.2.3 触控传感器（触觉传感器）

触控传感器由按键开关组成，通过改变按键开关的弹簧系数（弹簧的弹性），它能够检测机器人移动时遇到的各种障碍物（见图5.7）。不过，由于这种按键开关是机械式开关，如果把开关做得大一些，就会出现开关不能正常工作的情况（如图5.8所示）。

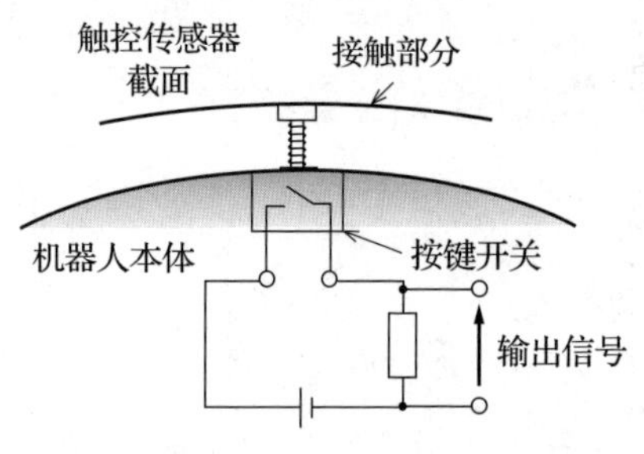

图5.7 按键开关式触控传感器

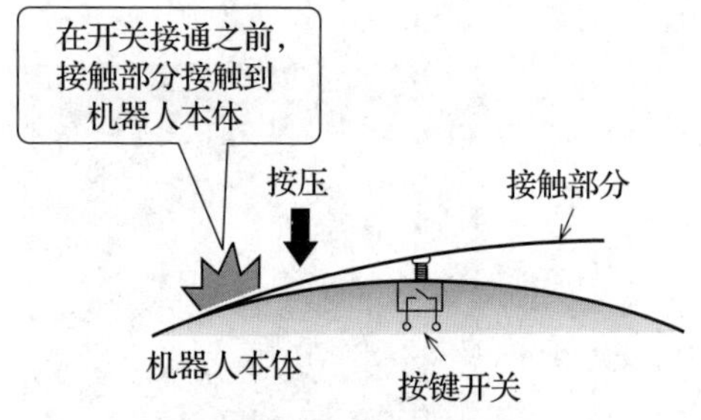

图5.8 当按键开关覆盖范围过大时会导致机器人无法正常工作

为了在移动时检测障碍物，Robovie-R2 在脚上安装了一圈采用按键开关的触控传感器。此外，为了检测人类是否接触了机器人，分布于机器人全身的众多触控传感器使用了由压敏导电橡胶制成的开关，其结构如图 5.9 所示。压敏导电橡胶在施加压力时电阻变小，使用它可以制作各种灵敏度产品。另外，通过金属膜将该压敏导电橡胶膜做成夹层，并在金属膜上布线，还可以制造能够覆盖很大面积的触控传感器。

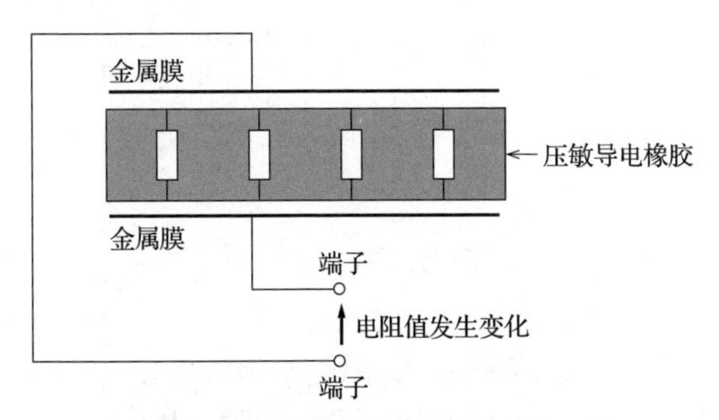

图 5.9 利用压敏导电橡胶的触控传感器

5.2.4 超声波传感器（距离传感器）

蝙蝠通过超声波检测障碍物。距离传感器使用了该原理，用于机器人身上的超声波传感器也是距离传感器。超声波以空气振动的形式传播，振动碰到人等障碍物时，振动的波会反射回来，就像在水面上传播的波浪碰到墙壁反射回来一样。如果温度没有变化，超声波在空气中传播的速度是恒定的。

超声波传感器发送超声波，可通过测量反射波碰到物体后反射回来的时间，求出这个时间与发出超声波时的时间之差，从而计算出到物体的距离。图 5.10 展示了超声波传感器的组成，它由产生超声波（发射波）的部分和检测碰到物体后反射回来的超声波（反射波）的部分组成。这两个部分都使用了与传声器相同的原理。也就是说，通过小型扬声器和传声器的组合就能制造出超声波传感器。因此，超声波传感器作为体积小、价格低廉的传感器而得到广泛应用。虽然已经开发出了很多在距离精度方面更好的传感器，但在使用方便和价格廉价这两个方面，可以说没有比超声波传感器更好的传感器了。

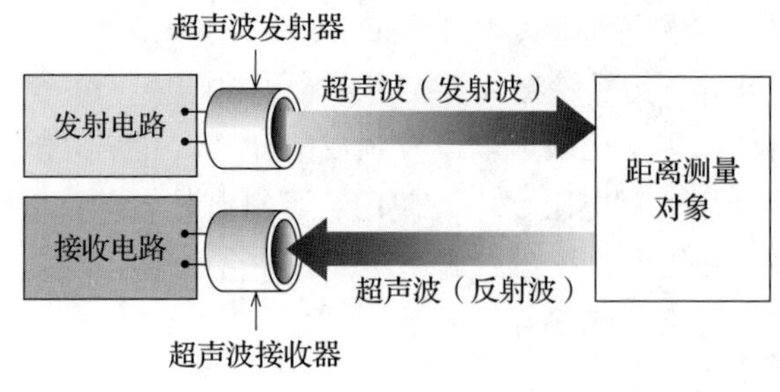

图 5.10　超声波传感器的构造

5.3 内部传感器

5.3.1 电位计（接触式角度传感器）

检测机器人关节角度的代表性传感器有电位计。在 Robovie-R2 中，该电位计用于检测上半身的关节角度。电位计的结构如图 5.11 所示。

图 5.11a 展示了用于测量直线运动致动器的机械运动的直动电位计原理。致动器的运动体现在图 5.11a 中的可移动部分上。实际上，当致动器启动时，该部分会移动，使电阻值发生变化，从而改变输出电压。只要测量电压的变化，就能知道致动器的移动距离。测量旋转电动机角度的电位计原理与此完全相同（见图 5.11b）。

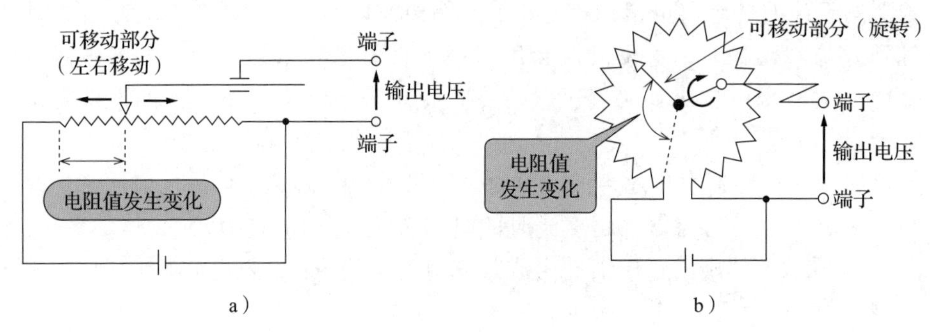

图 5.11　直动电位计和旋转电位计

电位计的缺点是箭头部分与电阻的物理性接触，接触部分的物理磨损对传感器的寿命有很大的影响。电位计使用时间长了会产生损耗，从而无法准确测量数值。

因此，人们也设计出了很多非接触的位移传感器。但由于电位计的原理非常简单，体积小且价格低廉，所以电位计仍被用于大部分机器人。

5.3.2 光学式旋转编码器（非接触式角度传感器）

光学式旋转编码器与电位计一样，是用于检测角度的传感器。如图 5.12 所示，通过圆周上分布的狭缝，对光通过的次数进行计数来检测角度。光源主要采用 LED（发光二极管），光接收元件使用光电晶体管。电位计和后述的转速计的最大特点是，与模拟输出（电压等）的传感器相比，该传感器是数字输出的传感器。

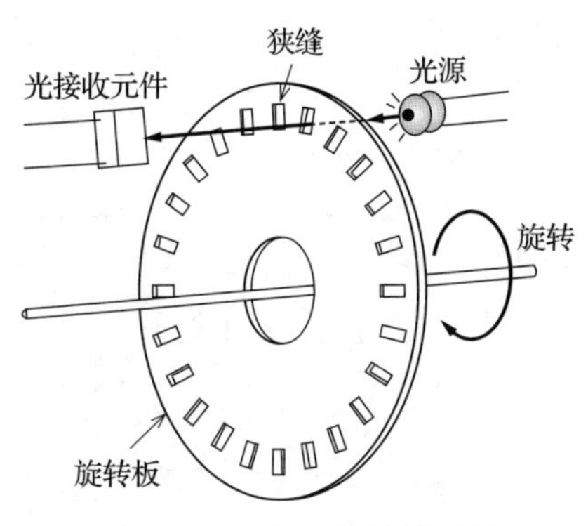

图 5.12　光学式旋转编码器

输出数字信号的光学式旋转编码器需要计数器来记录有多少条狭缝通过，从而测量角度。角度检测的精度取决于狭缝的数量。狭缝的数量越多，角度检测的精度越高。光学式旋转编码器适用于需要精确控制的场合。传感器是非接触式的，因此不会产生磨损问题。光学式旋转编码器优于电位计的另一点是对温度变化的敏感度。电位计中使用的电阻根据温度的不同也会有微妙的变化，但是光学式旋转编码器不存在对温度敏感的问题。

在 Robovie-R2 中，该传感器直接安装在驱动行走轮旋转的电动机轴上，用于准确了解机器人是如何移动的。如果在带有减速机的电动机的电动机轴上直接安装光学式旋转编码器，那么在行走轮一侧旋转一圈的过程中，电动机一侧会旋转几十圈。因此，行走轮每转一圈所对应的狭缝数量是减速比的倍数，其检测角度的精度非常高。

通过光学式旋转编码器狭缝的光可转换为脉冲信号。图 5.12 所示的光学式旋转编码器中，光源 – 光接收元件是一对（可变旋转编码器），当它们是两对时，可分别从中得到脉冲信号（A相和B相的两相脉冲信号）。此时，如果对狭缝部分进行改动，使A相和B相的脉冲相互错开90°，就可以得到如图5.13所示的脉冲信号。旋转板顺时针旋转时，首先输出A相的脉冲，接着输出B相的脉冲。旋转板逆时针旋转时，首先输出B相的脉冲，接着输出A相的脉冲。通过检测两相脉冲的输出顺序，可以得到旋转轴旋转了多少角度。这种类型的旋转编码器被称为增量式旋转编码器。

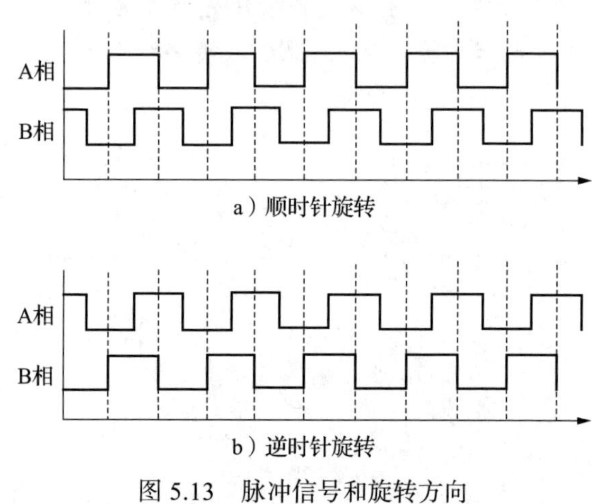

a）顺时针旋转

b）逆时针旋转

图5.13　脉冲信号和旋转方向

5.3.3　转速计（角速度传感器）

直流电动机会产生与送来的电流成比例的力矩，当轴旋转时，它会产生与转速成比例的反电动势。将小灯泡连接到电动机上，用手转动电动机，小灯泡就会亮。转速计是利用该原理将转速作为电压输出的角速度传感器，其结构与直流电动机相同。

5.3.4　陀螺仪传感器（方位角传感器）

在行走轮上安装光学式旋转编码器，机器人就可知道它的位置和前进的距离。但是，行走轮有时会打滑，机器人经常无法准确地知道自己的位置。与最初的位置相比，移动的距离越长，机器人对于自己现在的位置就越模糊。

因此，机器人还需要使用其他传感器，比如方位角传感器。方位角传感器可以令机器人准确地知道自己的方向。常用的方位角传感器有陀螺仪和地磁传感器。陀螺仪是船只和飞机上都会使用到的传感器。地磁传感器采用与指南针相同的原理，可以知道自己的方位。但是，当周围有金属时地磁传感器就不能准确地做出反应。因此，机器人身上一般会使用陀螺仪。

陀螺仪从结构上可以分为内部具有旋转体的陀螺仪和内部不具有旋转体的陀螺仪。下面先对内部具有旋转体的陀螺仪的原理进行说明。这个原理和三轴陀螺（地球陀螺）玩具的一样。

图 5.14 展示了陀螺仪的结构。高速旋转（通常是 1min 24 000 转左右的速度）的陀螺仪的转轴总是保持一定的姿势。以不变的轴为基准，通过传感器检测倾斜的支撑框（平衡环）的旋转角，就可以知道机器人的方向发生了多少变化。

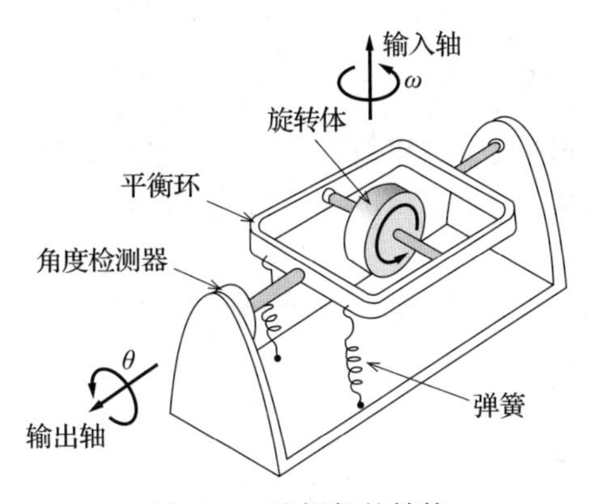

图 5.14 陀螺仪的结构

光陀螺仪的内部没有装置旋转体。光陀螺仪检测方位的原理是萨尼亚克（Sagnac）效应：当光沿着环形光路传播时，如果整个装置都在旋转，那么光在逆时针方向和顺时针方向上旋转一圈的时间是不同的。简单来说，在光传播的方向上施加力，光的速度就会改变。

图 5.15 展示了已经投入使用的环形激光陀螺仪的结构。在等边三角形的玻璃块内，强度以一定周期变化的两个方向的激光通过反射镜传播。当整个装置围绕与光路垂直的轴旋转时，左右旋转的传播光会出现到达时间差。通过两个方向的干涉光测得这个微小的时间差，检测到的时间差经过处理后转换成角度。

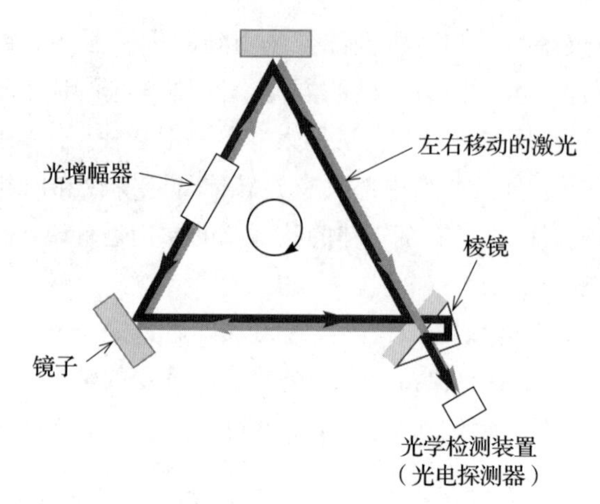

图 5.15　环形激光陀螺仪的结构

对环形激光陀螺仪进行进一步改进后得到光纤陀螺仪。光纤陀螺仪是将一根光纤捆扎成线圈状，利用与环形激光陀螺仪相同的原理检测角度。其结构极其简单，目前在需要高精度方位角度检测的场合，主要使用这种光纤陀螺仪。

传感器

◇ 传感器的分类

传感器中有用于获得相当于人的感觉信息的传感器，也有用于获得机械量的传感器，分别如下表所示。

a）获得人的感觉信息的传感器

人的感觉	物理化学现象	被测定量	传感器
视觉	光（含红外光）	光量、颜色、光脉冲数	光敏二极管、太阳电池、晶体管、CCD 图像传感器、光敏倍增管
听觉	声（含超声波）	声压、频率、相位	压电元件、压敏二极管、传声器
触觉	接触压力	压力、位移、应变	压电元件、半导体应变计、微开关、布尔登管、隔膜
温度	温度	热电动势、电阻变化	热敏器、热电偶、测温电阻、双金属片、PN 结半导体
嗅觉、味觉	气体浓度、分子浓度	电导率变化、吸收光谱、气体吸附	半导体气体传感器、电化学气体传感器、接触燃烧气体传感器

b）机械量传感器

机械量	作为媒介使用的测定量	传感器
物体的有无	接点的开关、遮光、磁通量、频率、气压	微开关、光电开关、霍尔元件、近距离开关
位置、位移、尺寸	电阻值、电压、脉冲数、通量	电位计、差动变压器、线性编码器，磁控管
压力、应力、应变、扭矩、重量	电阻值、静电电容	应变计（金属、半导体）、压敏二极管、压敏晶体管、负载元件、隔膜、布尔登管、波纹管
角度	电压、电阻值、编码数字值	同步器、共振器、电位计、旋转编码器
速度	脉冲相位（超声波、激光、电磁波）、电压、频率	超声波传感器、激光多普勒计、转速计、发电机、辨别器、旋转编码器
加速度、振动	频率、电压	压电元件、振动传感器（电动式、压电式）
旋转数	频率、电压、脉冲频率	辨别器、转速计用发电机、旋转编码器

用于收集来自机器外部的信息并控制机器自身行动的传感器称为外部传感器。用于掌握机器自身内部状况的传感器称为内部传感器。另外，与对象接触使用的传感器称为接触式传感器；不与对象接触使用的传感器称为非接触式传感器。

◈ **传感器介绍**

- ❑ **获得机械量的传感器**：位移传感器、差动变压器、电位计、旋转编码器、速度传感器、应变计、加速度传感器、力传感器、压力传感器。
- ❑ **获得物体信息的传感器**：微开关、光电开关、近距离开关、视觉传感器。
- ❑ **其他传感器**：
  - ❍ 温度传感器：热敏电阻温度传感器、测温电阻温度传感器、热电偶温度传感器、热释电温度传感器。
  - ❍ 磁传感器：磁簧开关、霍尔元件、半导体磁电阻元件。
  - ❍ 光传感器：光电转换原理、光电导电单元、光敏二极管、CCD。
  - ❍ 超声波传感器：压电元件。
  - ❍ 声音传感器：电容式传声器、压电式传声器。

❍ 机械手的传感器：触觉传感器、压觉传感器、滑感传感器。

下面简要介绍几种传感器。

差动变压器：差动变压器的结构和电路如下图所示。铁心中央有一次绕组，其两侧有一对二次绕组。由于两个二次绕组以极性相反的方式连接，因此电压 v_{01} 和 v_{02} 的差以输出电压 v_o 表现出来。如果铁心的位置在中央，则两个二次绕组的电压相等，输出电压为0。当铁心移动时，可获得与位移成比例的输出电压。差动变压器的一次绕组被施加交流励磁电压，其二次绕组上连接一个用于读取输出电压的电路并使用。

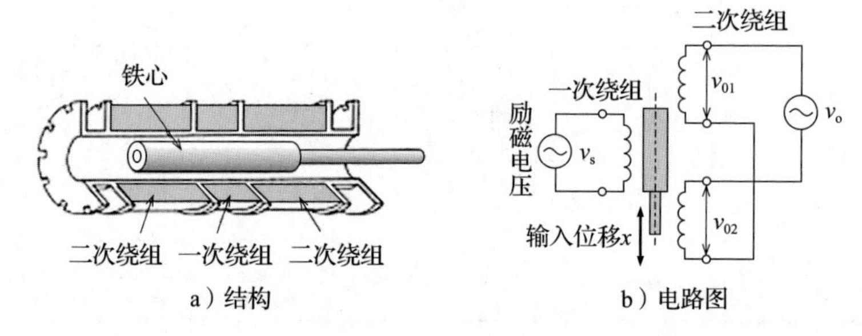

a）结构　　b）电路图

光电开关：光电开关是以检测物体为目的，由发光元件和受光元件组合而成的非接触式开关。下图表示透射式光电开关和反射式光电开关的例子。光电开关具有发射光的发光元件和接收光的受光元件，当物体挡住光的通道或反射光时，受光量就会发生变化。它将受光量的变化转换为电量的变化，从而操控开关。发光元件使用发光二极管，受光元件使用光敏晶体管。

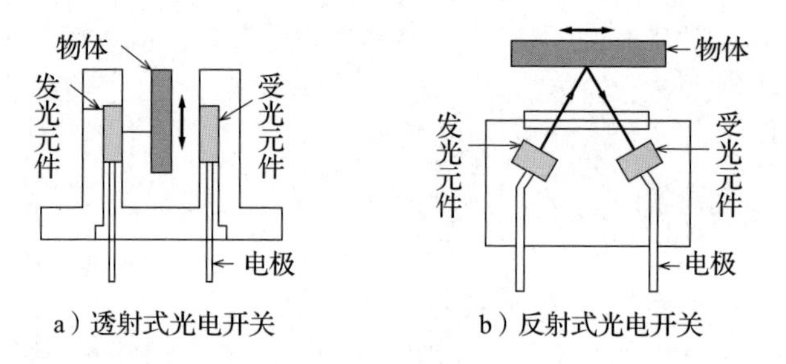

a）透射式光电开关　　b）反射式光电开关

热敏电阻：热敏电阻是对温度敏感的半导体，它的阻值会随温度变化。热敏电阻被用作温度传感器，是因为它们对于温度很稳定，且特性的可重复性很好。材料以锰、镍、钴等金属氧化物为主要成分，在高温下烧结而成的，被称为陶瓷热敏电阻，它的结构是将电极安装在陶瓷热敏电阻的芯片上，并涂上保护膜。根据形状的不同，其可分为芯片形、珠形、盘形等，下图为芯片形热敏电阻。

随着温度的上升，PTC 热敏电阻的阻值在特定温度下急剧增加，CRT 热敏电阻的阻值反而急剧减小，NTC 热敏电阻的阻值则缓慢减小。PTC 热敏电阻作为温度开关，用于电饭煲和电炉等，CRT 热敏电阻用于温度警报器等，NTC 热敏电阻用于温度测量和控制等。

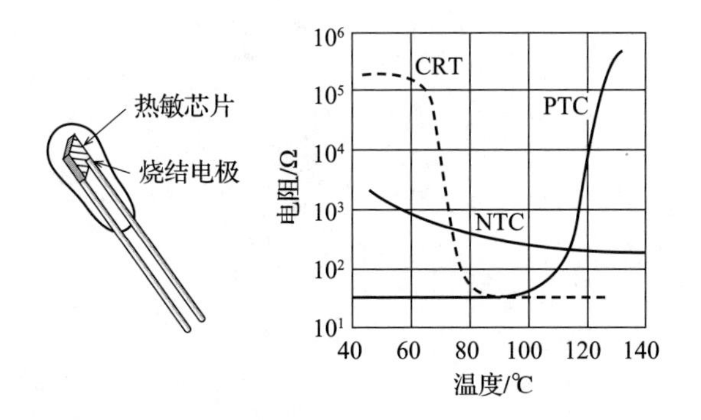

霍尔元件：如下图所示，如果在半导体薄片中通过一定的电流，并在垂直方向上加入磁场 H，则在电流和磁场垂直的方向上产生电压 V_H。这种通过测量电压来得知磁场大小的磁传感器被称为霍尔元件。它的使用方法有恒压驱动法和恒流驱动法。恒压驱动法的特点是输出电压受到温度的影响小，恒流驱动法的特点是输出电压相对于磁场具有良好的线性度。

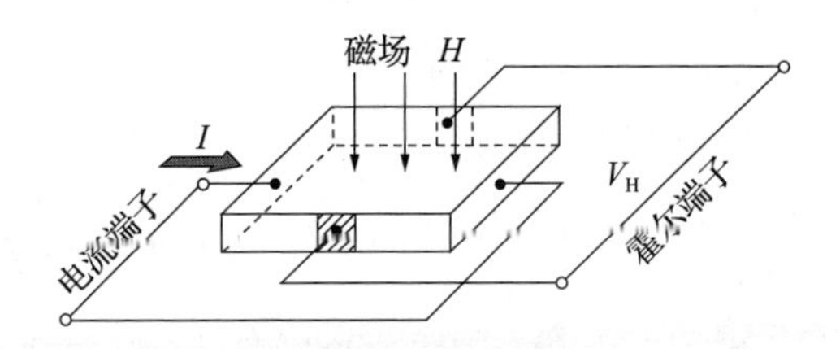

CHAPTER 6

第6章

机构与运动

主要内容

- ❑ 以工业用机器人为例，介绍关于机器人的关节机构。
- ❑ 使用运动学、逆运动学设计动作。
- ❑ 轮式移动机器人的基本要素。

6.1 机器人的关节机构

在本节中，我们将介绍使机器人运动的基本构造（机构），以工业用机器人、移动机器人，以及像 VisiON 4G 这样的人形机器人为例。

首先，我们介绍在工厂中常用的被称为机械臂（manipulator）的机器人。机械臂一般由几个连杆（关节以及连接关节的部件）通过关节连接而成的连接机构组成，其前端安装了适用于工作的手。关节可以自由滑动或旋转。

机械臂使用的关节分为平动关节和转动关节[⊖]两种。关节的运动状态的符号表示如图 6.1 所示。此外，多个关节组合在一起，即像球状关节一样，可以自由驱动两个以上的轴。

在一些机器人的相关书中会有“自由度”这个词，这是与关节相对应的词语。用更形式化的词语来说明，自由度表示在空间内操作机器人时，能够独立驱动和控制的关节轴的数量。例如，要想用机械臂将物体在可移动范围

⊖ 平动关节（prismatic joint, sliding joint）也称为移动关节或滑动关节，转动关节（rotary joint, revolute joint）也称为旋转关节。——编辑注

内移动到任意位置并采取任意姿势，就需要 6 个自由度。这是因为在三维空间中，有 3 个方向的轴以及围绕这些轴旋转的 6 种运动。

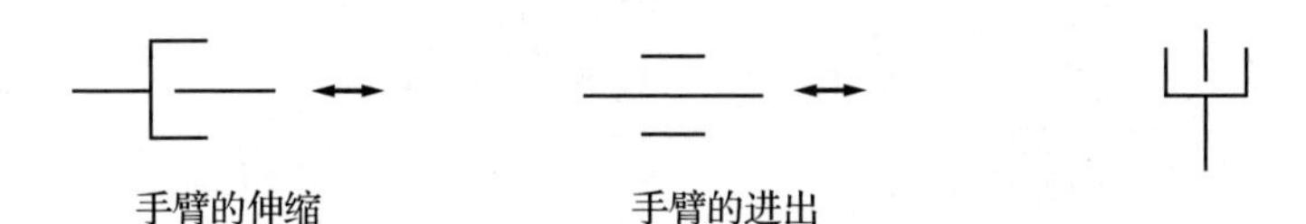

1）在包含直线方向的平面内表示　2）在垂直于直线方向的平面内表示

a）平动关节

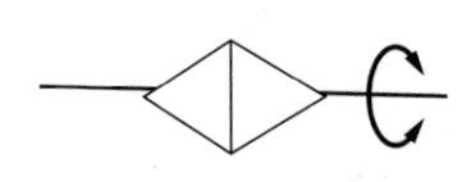

3）围绕手臂中心轴的旋转

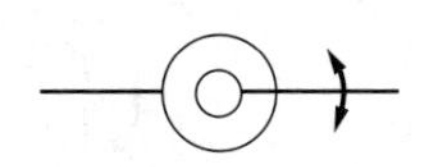

4）在与关节轴垂直的平面内表示围绕关节轴的旋转

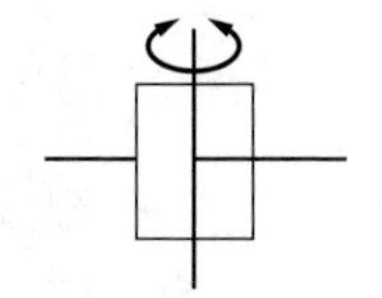

5）在包含关节轴的平面内表示围绕关节轴的旋转

b）转动关节

图 6.1　机器人关节的表示方法

自由度为 6 的机械臂关节机构如图 6.2 所示。图中第 1～3 关节和第 5、6 关节具有转动的自由度，第 4 关节具有平动的自由度。根据各关节是转动还是平动、关节轴朝向哪个方向，以及关节的配置如何等，可以构成各种机械臂。要从多个候选项中选择出拥有符合要求自由度的机械臂，除了考虑对动作的难易度、工作领域的范围、工作的方便程度等对机构的评判以外，控制的难易度、控制性能等与机器人的智能领域相关的评判也非常重要。机械臂根据其机构特点可分为直角坐标机器人、圆柱坐标机器人、极坐标机器人和多关节机器人（见图 6.3）。

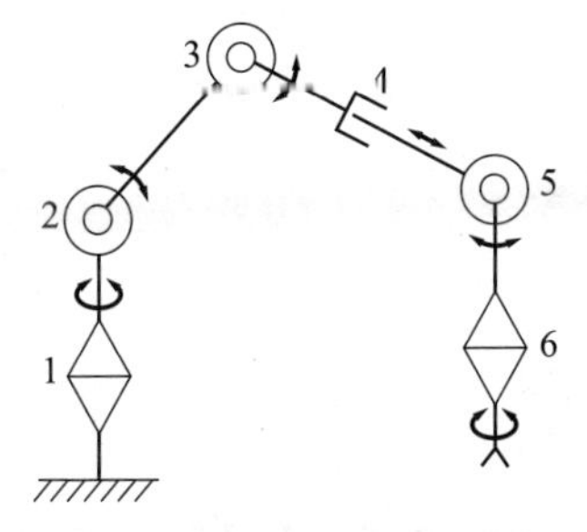

图 6.2　自由度为 6 的机械臂

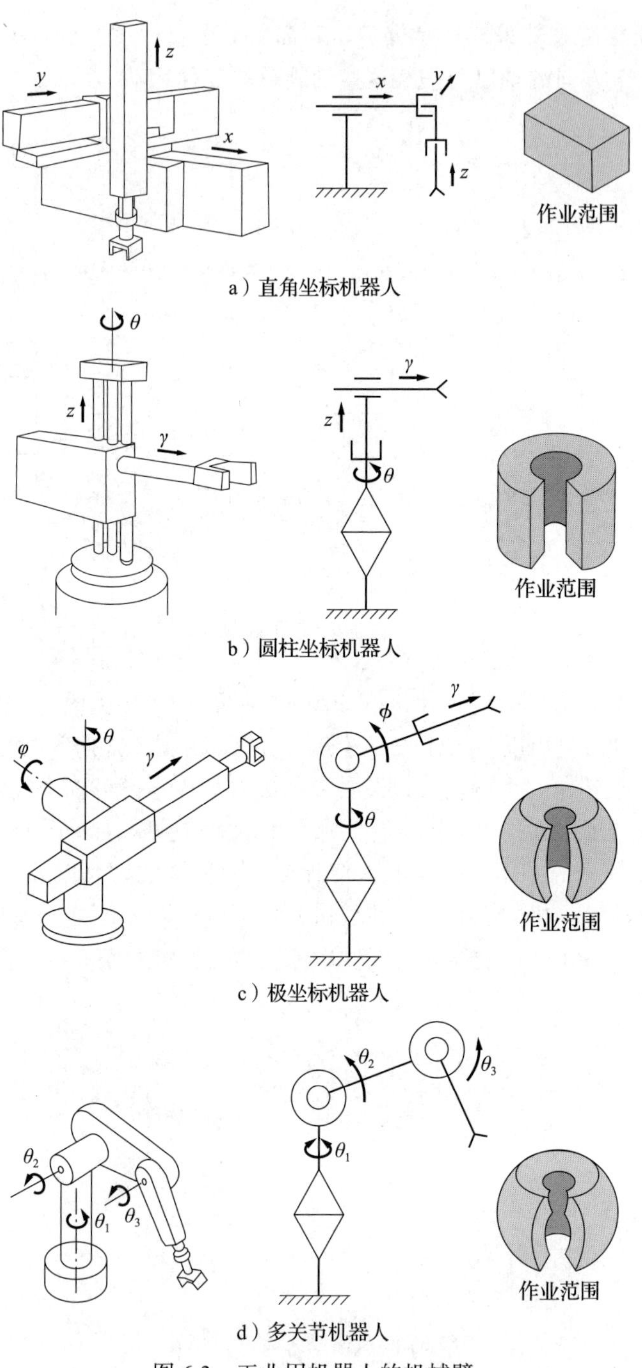

a）直角坐标机器人

b）圆柱坐标机器人

c）极坐标机器人

d）多关节机器人

图 6.3　工业用机器人的机械臂

6.1.1 直角坐标机器人

直角坐标机器人的各连杆的运动方向（x、y、z 方向）是相互正交的。该机器人的动作可以通过 x、y、z 的三维坐标系直接表现出来，因此可以说这是一种非常容易控制的机器人。另外，它在操作精度方面也非常出色。无论机器人采取什么样的姿势，都能以相同的精度进行正确的定位。其缺点是作业空间（相当于机器人的指尖部分能够活动的范围）狭窄，但臂的占用空间却很大，例如引臂的时候，它的另一端就会突出。另外，由于直线运动距离较长，一般来说很难加快动作速度。

6.1.2 圆柱坐标机器人

圆柱坐标机器人将直角坐标机器人的 x、y 平面的正交运动组合替换围绕机器人底部竖直轴的旋转，配合水平方向上的平动，从而实现极坐标（θ，γ）上的运动。如此一来，便可以扩大作业区域。

6.1.3 极坐标机器人

极坐标机器人采用 3 轴机构，第 1 轴和第 2 轴为转轴，第 3 连杆的前端位置（θ，ϕ，γ）正好可以用基于三维极坐标的运动来表示。另外，如果在平动轴（γ 轴，第 3 轴）和 θ 轴（第 1 轴）之间取适当的距离（称为偏移），则可以 360° 地自由移动第 3 连杆，从而实现绕进作业等功能（见图 6.4）。

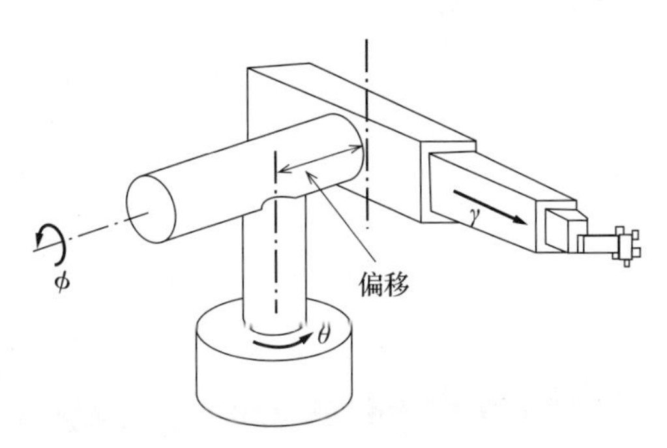

图 6.4 存在偏移的极坐标机器人

6.1.4 多关节机器人

机械手臂能在第三轴上做旋转运动而非直线运动，具有这种结构的机器人被称为多关节机器人，它有多种类型（如图 6.5 所示）。多关节机器人可以进行最自由的三维运动。另外，如图 6.5b 所示，发生偏移的情况下也可以进行回调作业。但是，由于该结构容易累积各关节旋转角的测量误差，在提高定位的精度方面，多关节机器人会比其他类型的产品更难。

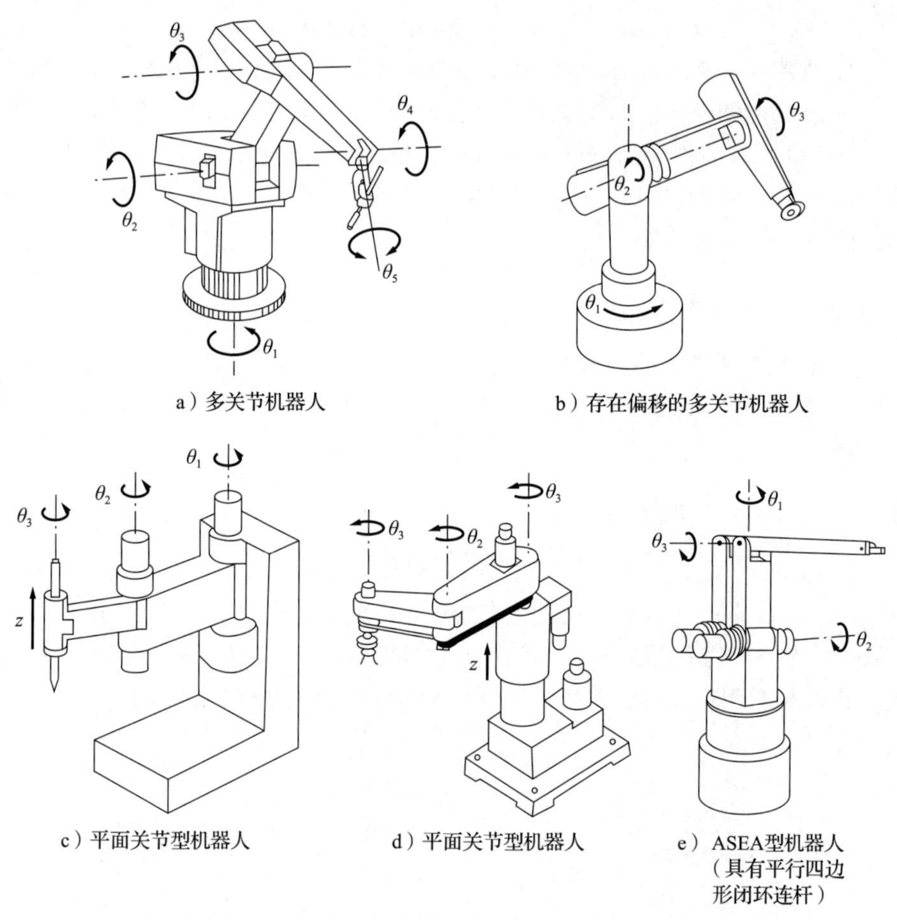

图 6.5　各种多关节机器人

多关节机器人的刚性（坚固度）一般也比其他类型的机器人差。平面关节型（Selective Compliance Assembly Robot Arm，SCARA）机器人（见图 6.5c 和图 6.5d）和具有平行连杆的 ASEA 型机器人（见图 6.5e）克服了这一缺点。它们在竖直方向上采用三个转轴的结构，因此具有在竖直方向上刚性高，在水平方向上运动流畅的特点。具有上述优点的平面关节型机器人和 ASEA 型机器人适用于从上往下的组装、零件插入、拧紧等作业，在组装作业较多的工厂中被大量使用。

机器人的构成与机构

机器人的构成

工业用机器人由以下要素构成：

- ❑ 手：可以握住物体。在手腕处与手臂连接。
- ❑ 手颈：具有控制手的动作的功能。
- ❑ 手臂：安装在手臂的支撑体上。
- ❑ 脚：轮式、履带式移动机构。
- ❑ 动力源：用于使驱动端（进行动作的部分）动作的能量供给源。
- ❑ 控制部：相当于大脑，驱动端根据目的进行动作。
- ❑ 检测部：具有内部测量功能和外部测量 / 识别功能。

表示机器人机构的图形符号

机器人动作由平动和转动构成，用下表的图形符号表示。

动　作	动作表现	机构名称	图形符号和运动方向
平动	在同一轴上，两个部件的相对位置发生变化，即长度发生变化	直行接头（1）	
		直行接头（2）	
转动	轴的方向不变，以轴方向为中心的旋转运动	旋转接头（1）	
	改变轴方向的旋转运动	旋转接头（2）	（平面）（立体）

根据动作机构的分类

机器人的动作由平动和转动的基本动作组合决定。根据定位动作机构的构成，可分为以下四种：

- ❑ **直角坐标机器人**：仅由平动构成。
- ❑ **圆柱坐标机器人**：运动由转动和平动构成。
- ❑ **极坐标机器人**：由转动 – 转动 – 平动的组合构成。
- ❑ **多关节机器人**：由三个以上的转动构成。

多关节机器人中的平面关节型机器人的手臂能在水平面内移动，手臂前端能够做竖直方向的直线运动。

6.2 动作的产生

如何才能让机器人自由移动呢？为了让机器人的手臂自由移动（也就是让手臂按机器人自己的想法移动），就必须根据手臂的位置和方向来求出机器人各关节的角度。如前文所述，这个问题被称为逆运动学。读者可以通过专门介绍机械和控制的书籍来了解相关的详细内容，本节仅对比较容易理解的内容进行说明，说明中会提到 VisiON 4G 机器人。

如图 6.6 所示，VisiON 4G 表示为连杆和关节的组合。在这里，考虑让 VisiON 4G 做抬起手臂挥手的动作。省略详细计算，粗略的计算步骤如下所示。

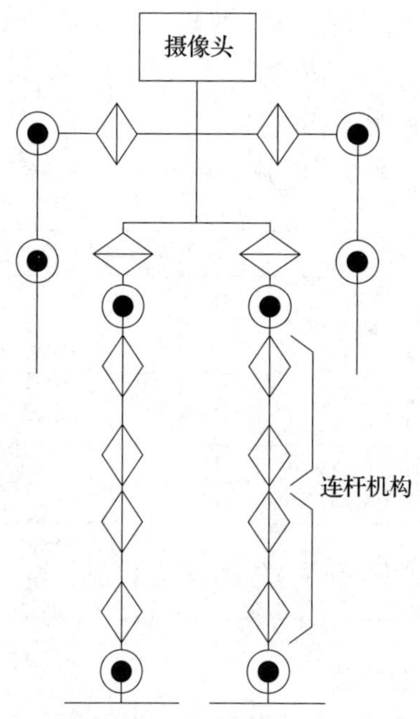

图 6.6　VisiON 4G 的构造

1. 确定姿势

首先，抬起手臂挥手这个动作如图 6.7 所示，用以躯干为中心的坐标系表示手臂位置，并连续记录该坐标。记录的时间间隔越短，就越能准确地移动机器人。

2. 制定动作

利用运动学或逆运动学来制定动作。在使用运动学的情况下，调整机器人关节以改变手臂位置，确认此时手臂位置是否与“确定姿势”中记录的相同，记录此时的关节角度。在使用逆运动学时，根据“确定姿势”中记录的手臂位置信息和身体位置信息的关系，通过计算求出关节角度。

3. 活动机器人

最后，机器人将得到的关节数据连续传送给全身的关节，通过各关节进行反馈控制，按照给出的关节数据正确地活动。

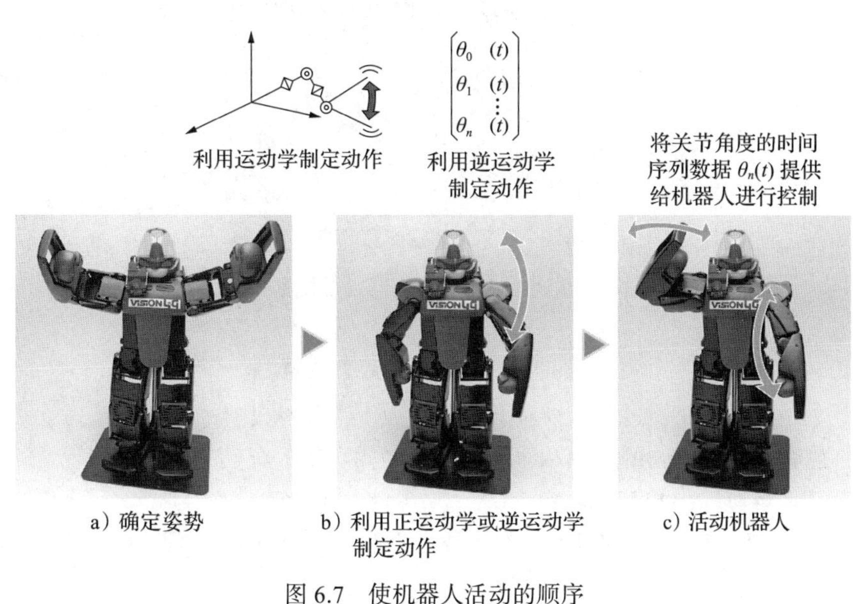

图 6.7　使机器人活动的顺序

6.3　移动机构

机器人的动作大致可分为“操控物体”和“移动身体”。前面介绍的机器臂是用来操控物体的。VisiON 4G 和 Robovie-R2 除了操控物体之外，自身也需要移动。在此，我们来介绍一下像 Robovie-R2 这样用车轮来移动的机器人的移动机构。移动机构不仅是 VisiON 4G 和 Robovie-R2 这样的人形机器人的核心机构，也是自动驾驶汽车和自动搬运车这样的轮式机器人的核心机构。

6.3.1　车轮移动的基本机构

图 6.8 是双轮移动机器人的模型。通过两个车轮的旋转，机器人能实现前进和转弯的操作。将车辆中心的二维平面内的坐标（x, y）和车辆行进方向与 x

轴形成的角度 θ 作为机器人的方向，用3个变量表示车辆的位置和姿势（朝向哪边）。图6.8表示在 (x, y) 的位置相对于 x 轴向 θ 方向移动的状态。假设车轮的半径为 r，车辆宽度为 $2W$，给定左右轮各自的角速度为 ω_L 和 ω_R 时，车轮的直行速度 v 与角速度 ω 的关系可用式（6.1）表示。

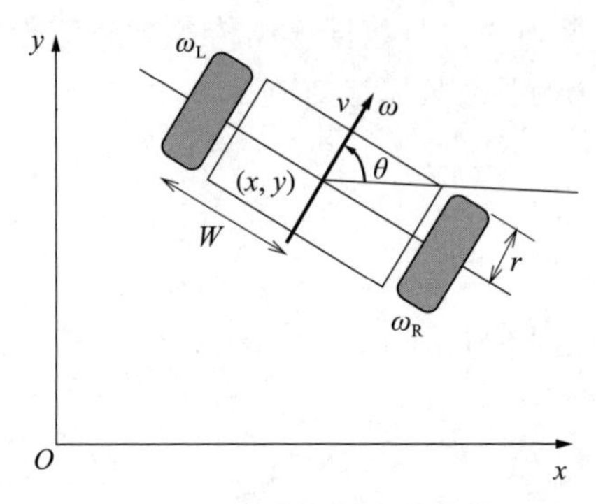

图6.8　双轮移动机器人的模型

$$\begin{pmatrix} v \\ \omega \end{pmatrix} = \begin{pmatrix} r/2 & r/2 \\ r/2W & -r/2W \end{pmatrix} \begin{pmatrix} \omega_R \\ \omega_L \end{pmatrix} \tag{6.1}$$

也就是说，车轮的半径和车辆的宽度是固定值，车辆的速度 v 和转弯的角速度 ω 由各车轮的角速度决定。

以初始姿势 θ 开始移动时，在全局坐标系 $O\text{-}XY$ 上的速度用式（6.2）表示。

$$\begin{pmatrix} \dot{x} \\ \dot{y} \\ \dot{\theta} \end{pmatrix} = \begin{pmatrix} \cos\theta & 0 \\ \sin\theta & 0 \\ 0 & 1 \end{pmatrix} \begin{pmatrix} v \\ \\ \omega \end{pmatrix} \tag{6.2}$$

也就是说，车辆的速度（位置和方向）由 v 和 ω 决定。

因此，根据式（6.1）和式（6.2），以双轮的角速度 ω_R、ω_L 为输入，就可以控制平面内的位置 (x, y) 和姿势 θ 这3个自由度。另外，如图6.8所示，控制车辆的位置和姿势的任务的自由度（x 方向的位置，y 方向的位置和姿势，自由度为3）比实际上车辆的控制自由度（2个轮子的角速度，自由度为2）多的机器人，被称为非完整机器人。

虽然4轮车在结构上存在一些差异，但大体与图6.8所示的双轮车相同。例如，我们日常驾驶的汽车也可以用同样的原理来说明。汽车的方向盘相当于 ω_R 和 ω_L 的差，油门相当于 v。通过操作方向盘和油门，我们就可以驾驶汽车。

6.3.2 机器人用的移动机构

上述的双轮车辆模型与汽车一样，转换方向需要时间，因此无法在瞬间实现全方位移动。但只要将其改造成三轮汽车，就能制造出瞬间全方位移动的机器人。这一系统被称为全息系统。

由斯坦福大学开发的 Mobi，其 3 个车轮的旋转轴以 120° 的间隔在一点处相交。另外，各车轮上安装了可自由旋转的辊轴（滚轮），各轴的旋转朝向车轮的圆周上的切线方向（见图 6.9）。也就是说，车轮受到横向的力时，也可以横向移动。如图 6.10 所示，将该车轮布置成三角形，分别用电动机驱动，就可以得到能够生成任意 x、y 和 θ 的机构。

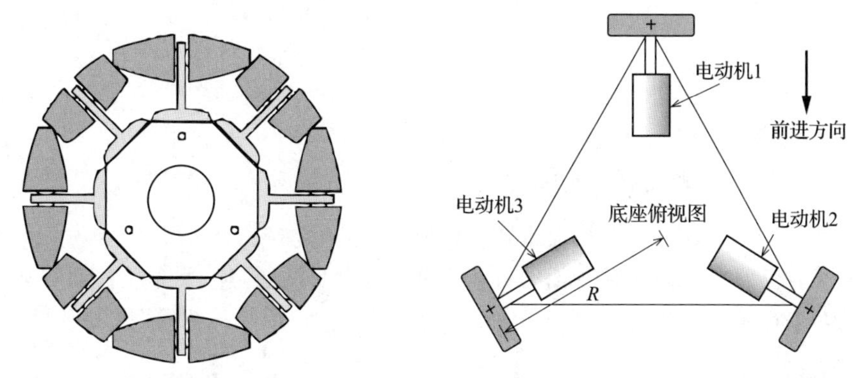

图 6.9　可以全方位移动的机器人车轮　　图 6.10　可以全方位移动的机器人车轮的配置

这种全息系统对于踢足球的机器人来说是不可或缺的，意大利的团队在 2000 年 RoboCup 大会上使用的机器人（见图 6.11）也运用到了这一机构。

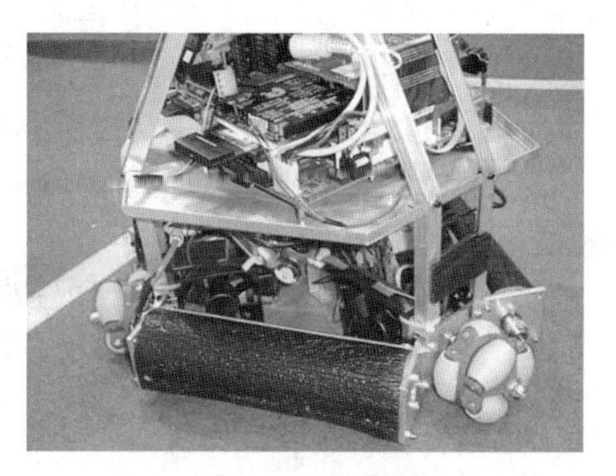

图 6.11　三轮移动机器人模型

（RoboCup 2000 意大利高林队的“Golem”）

此外，根据相应的场所和用途，还有各种轮式机器人。其中一个例子是，在灾害现场等地发挥作用的履带式机器人 Hibiscus（见图 6.12）。它拥有与坦克的履带相似的构造，具备很强的穿越不平坦地形的能力。

图 6.12　履带式机器人

（千叶工业大学未来机器人技术研究中心的“Hibiscus”）

6.3.3　用腿来移动的机构

除了利用车轮移动，机器人还可以通过腿来移动。VisiON 4G 是为踢足球而设计的机器人，因此它所用的自然不是车轮而是两条腿。用车轮移动的不利之处在于在不平整地形上的移动，就像在道路上移动一样，通过车轮移动时，路面必须是平坦的。

但是，用腿移动并不总是有利的。想快速移动时，使用车轮移动更有利。对于只有两条腿的机器人来说，实现走路不摔倒的功能是很不容易的。根据不同的目的，机器人必须拥有最合适的腿。

在双腿行走的机器人受到关注之前，已经有很多四腿行走和六腿行走的机器人被开发出来。与双腿行走机器人相比，四腿行走机器人和六腿行走机器人具有不易摔倒的特质。特别是六腿行走机器人，因为经常能让三条腿接地，所以能够非常稳定地行走。

四腿行走机器人也一样，只要让腿一条条地移动，并且保证有三只脚接地，就能稳定行走。如果腿的数量增加，驱动它的电动机的数量也会增加，机器人的身体也会变大。事实上，只要能很好地保持平衡，机器人也可以像人一样用两条腿来充分活动。

作为四腿行走机器人的例子，图 6.13 展示了日本东京工业大学开发的 TITAN Ⅷ。

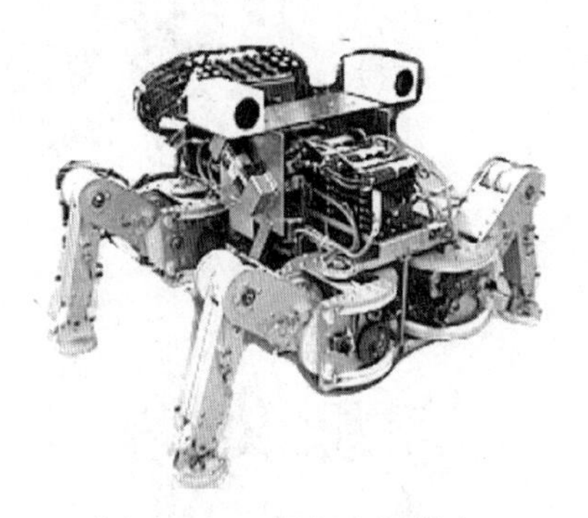

图 6.13　四腿行走机器人

（东京工业大学广濑研究室的“TITAN Ⅷ”）

CHAPTER 7

第7章

信息处理

主要内容

- 计算机的组成及处理流程。
- CPU 的发展历史。
- 用 C 语言进行简单编程的例子。
- 人形机器人编程的思路。

7.1 计算机的组成

到目前为止，我们介绍了机器人的机械结构和传感器，但是仅通过了解这两方面的知识是无法让机器人动起来的。跟人一样，机器人也需要对来自传感器的信息进行理解并向电动机发送指令，即相当于人脑的计算机。如果不了解计算机，就无法驱动机器人。在这里，我们仅对需要了解的最基本的计算机相关知识进行说明。

7.1.1 计算机的处理流程

例如，将个人计算机作为文字处理机使用时，从键盘（输入设备）输入的文字数据，在个人计算机内部进行适当排版后，再由打印机等输出设备输出（见图 7.1）。也就是说，计算机的作用是对输入的数据进行加工处理后输出。

图 7.1 计算机的处理流程

7.1.2 计算机的体系结构

现在的大部分计算机都是基于冯·诺依曼体系结构（Von Neumann Architecture）设计的，冯·诺依曼体系架构是在 20 世纪 40 年代由冯·诺依曼等人设计的。图 7.2 是冯·诺依曼体系结构，它具有以下特征。

1）内置程序：表示处理顺序的程序存储在内部。

2）依次处理：按程序指定的顺序依次执行指令。

3）指令与数据共存：在同一存储器（主存储器）上，指令与数据共存。

CPU（中央处理器）相当于计算机的大脑，是负责计算的电路。CPU 的作用主要有：1）读取并解释存储器中的指令；2）根据指令的内容在内部进行计算或读取数据；3）将计算后的数据输出到外部。

另外，主存储器分为 ROM 和 RAM。ROM 称为只读存储器，是能进行读取的存储器，用于提前保存不需要变更的程序。为了向 ROM 写入程序，需要使用称为 ROM 写入器的设备。此外，也有不需要 ROM 写入器的计算机，其 ROM 被称为闪存。闪存的优点是可以简单地进行改写。

RAM 也被称为随机存取存储器，可以进行读写。大多数计算机的存储器都是由 RAM 构成的。

RAM 一旦断电，其存储的内容就会消失。

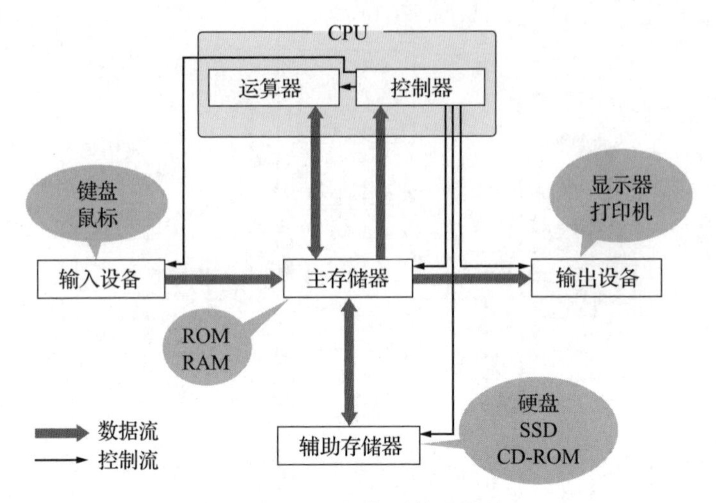

图 7.2　冯·诺依曼体系结构

计算机的基本组成

◈ 计算机的基本组成

计算机由输入设备、输出设备、控制器、算术逻辑运算器、存储器等组成。其中控制器和算术逻辑运算器合称为中央处理器。在微型计算机中，中央处理器是一个或数个 LSI（大规模集成电路）构成的微处理器。在单片微型计算机中，一个 LSI 中包含微处理器、存储器、输入输出接口电路。

输入设备向主存储器输入程序和数据。键盘、鼠标、各种接口用 LSI 电路连接的传感器和开关电路就是输入设备。

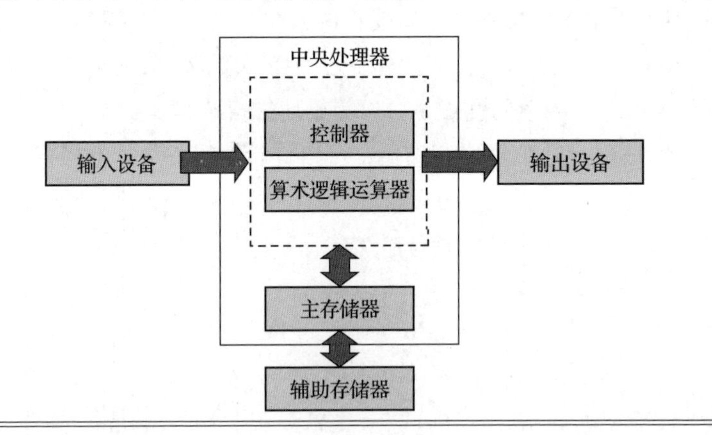

存储器分为主存储器（内部存储器）和辅助存储器（外部存储器）。主存储器中有很多用于存储1个字节（1个字节的长度有8位、16位、32位）的存储场所，通过地址来识别。辅助存储器包括磁盘等，输出设备包括显示器和打印机等。中央处理器（由控制器和算术逻辑运算器构成）逐一读出主存储器内的指令字，按照指令字指定的处理顺序进行加减运算和逻辑运算。

7.2 计算机的指令

7.2.1 执行指令的流程

冯·诺依曼体系结构按照如图7.3所示的流程执行指令。提取存储在主存储器中的指令，进行解读并执行。这个流程被称为指令执行周期。一个指令需要经历一次命令执行周期。

我们以加法指令ADD为例。加法指令ADD是一种被称为汇编语言的指令，这是一种计算机可以直接理解的计算机语言。

几乎所有的程序，都是用C语言和BASIC等易于编程的语言来编写的，但计算机在运行这些程序时，它们会被转换成汇编语言，也就是变成计算机可以直接执行的指令的形式。

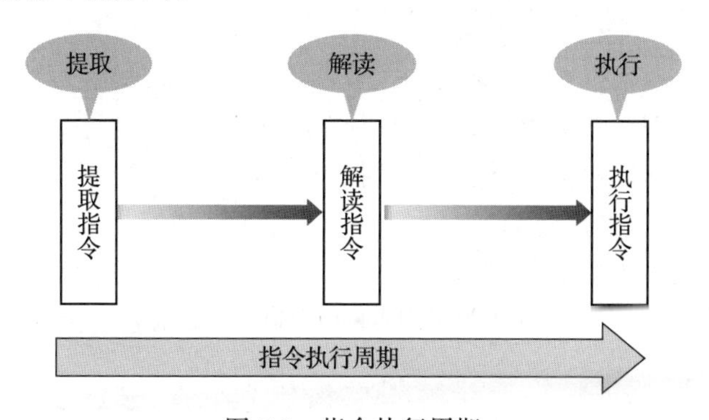

图7.3 指令执行周期

“ADD A，X”是将地址X中存储的数据和通用寄存器A的内容相加的指令。所谓寄存器，是指能够存储数据、高速运行的小型存储器，它被放入CPU（英特尔的Core处理器是CPU的代表性实例）中。图7.4展示了执行指令的流程和控制器、主存储器、运算器的作用。

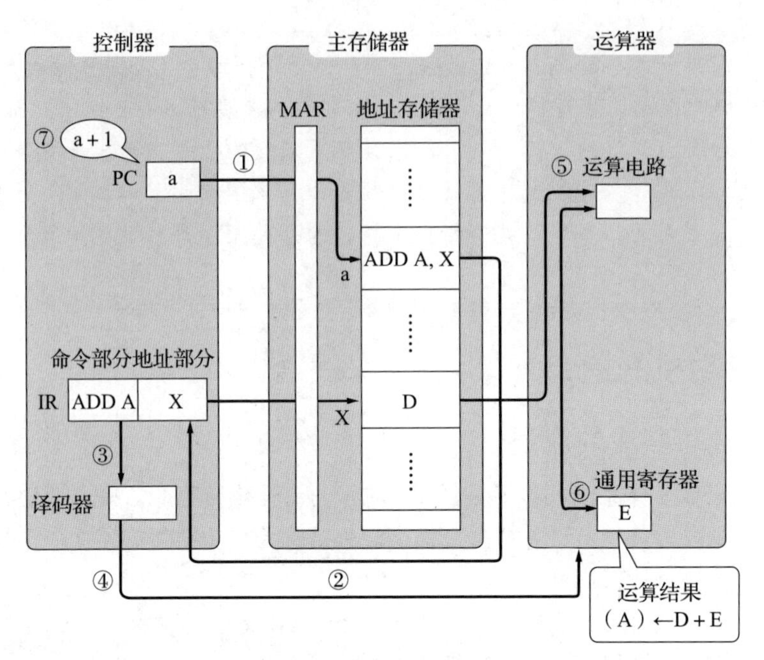

图 7.4 执行指令的流程

在图 7.4 中，执行指令的流程如下。

1）将存储在程序计数器（PC）中的地址发送到主存储器的存储器地址寄存器（MAR）。

2）将存储在指定地址中的命令（ADD）取出到命令寄存器（IR）中。

3）将命令寄存器中的命令发送到译码器（解码器）进行解读。

4）向运算器发送执行指令所需的控制信号。

5）从指令指定的地址（X 号）中取出数据。

6）执行运算（加法）处理。

7）将存储了下一个执行指令的地址存储在 PC 中。执行下一个指令时，重复步骤 1）到 7）。

7.2.2 计算机的极限

如图 7.4 所示，冯·诺依曼体系结构重复从 PC 存储的地址所示的存储器中提取指令（获取）、解读指令（解码）、执行指令（执行）的过程。另外，指令和数据（在图 7.4 的例子中，指令 ADD 和位于地址 X 的数据 D）被存储在同一存储器上。因此，连接 CPU 和存储器的路径（传输路径）会变得拥挤，有时会导致处理出现延迟（见图 7.5）。

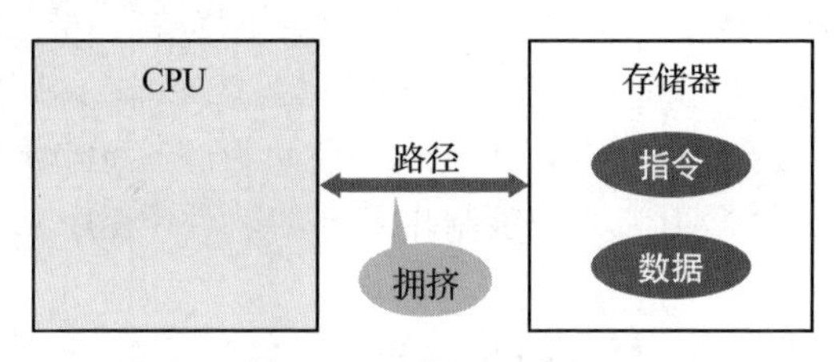

图 7.5　计算机的极限

为了解决这样的问题，需要准备多个连接 CPU 和存储器的路径，或者准备很多 CPU 和存储器的小规模组合来进行分散处理，并同时开始计算。实际上，我们日常使用的个人计算机也采用了各种方法来解决这个问题。特别是处理大量图像信息的游戏机的 CPU，为了提高处理速度而进行了各种升级改造。机器人也一样。例如，VisiON 4G 采用了处理图像的计算机和控制运行的计算机两台同时运行的结构，即使处理图像需要很长时间，运行也不会受到影响。为了开发更高级的机器人，像这样同时使用多个 CPU 的结构是不可或缺的。

7.3　CPU

7.3.1　CPU 的发展

计算机性能提高的历史，也可以看作是 CPU 发展的历史。表 7.1 列出了主要 CPU 的问世的年代和特征。

表 7.1　CPU 的发展

年　份	1971	1974	1976	1978	1987	1993	2000	2006	2009
型号	4004	8080 6800	8085 6809 Z80	8086	H8/500	Pentium PowerPC	Pentium4	Core Duo	Core i7
一次的处理量（位）	4	8	8	16	16	32	32	32	64
元件数（个）	2300	8500	1 万	3 万	42 万	310 万	4200 万	1 亿 5000 万	7 亿 3100 万
时钟频率 /Hz	100k	1 M	5 M	10 M	16 M	100 M	1.3 G	2 G	3 G
RAM（位）	4.5 K	64 K	64 K	16 M	128 M	4 G	64 G	64 G	192 G

1971年，英特尔发布了全球首款CPU“4004”。该CPU的性能为每次可处理4位数据，时钟频率（运行速度）为100kHz左右。虽然性能无法与现在的CPU相比，但4004的问世之前，需要根据需求来单独制作IC（集成电路），但使用4004后，只要制作符合需求的程序就可以了。也就是说，通过使用相同的硬件（CPU），根据不同的需求制作不同的软件（程序），能够满足广泛的需求。

随后登场的“8080”和“6800”使得CPU受到好评，计算机已经成为不可或缺的存在。特别是1976年Zilog公司发布的“Z80”，作为便于使用的高性能CPU被广泛使用。目前使用最多的CPU是英特尔的Core系列。

以具体的计算机为例，我们来介绍PIC（微机）。PIC是嵌入在各种电器产品中的嵌入式计算机，其引脚的排列如图7.6所示，其外观如图7.7所示。另外，它的内部结构如图7.8所示。

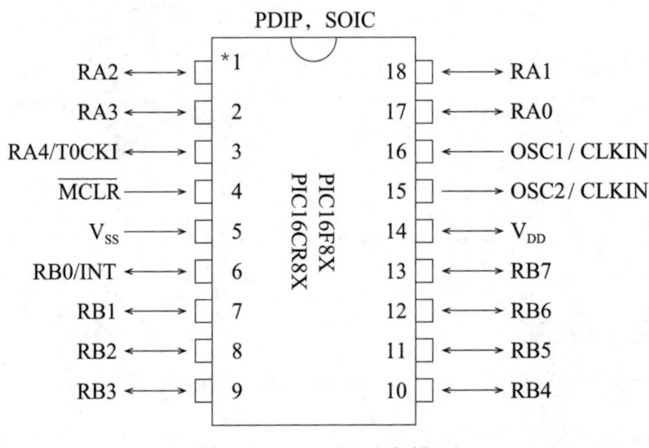

图7.6　PIC的引脚排列

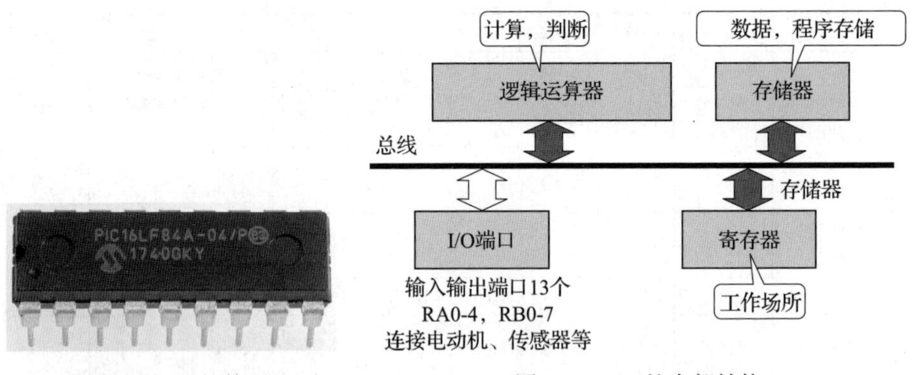

图7.7　PIC的外观

图7.8　PIC的内部结构

7.3.2 计算机的运行速度、I/O 端口和存储器

世界上存在各种计算机。我们需要根据进行什么样的计算，制造什么样的机器人来选择合适的计算机。在这里我们给出下述建议。

1. CPU 运行速度

最初，微型计算机的运行速度（时钟频率）在 1M～2MHz。H8/3048F 的运行速度为 16MHz，H8/3052F 的运行速度为 25MHz，达到了微机运行速度的 10 倍以上。现在个人计算机使用的 CPU 的运行速度相对于 H8 的运行速度增加了 10 倍，运行速度超过 2GHz（2000MHz）的 CPU 被广泛使用。

2. I/O 端口

在计算机中，可根据需求在主板上设置用于外围设备的 I/O（Input/Output，输入输出）端口。增设端口很简单。以往，微型计算机是根据端口需求连接到 CPU 的，这在很多情况下被认为是不可或缺的功能，然而现在这一功能逐渐被集成到与 CPU 相同的芯片中。即使是在微型计算机不足的情况下，也可以通过总线来增设端口。微型计算机的一大进步是有多样的 I/O 端口。在 8080A 和 Z80 的时代，如前文所述，它们必须一个个连接到 CPU，并且需要布线技术。但是，被称为 H8 的新计算机内置了丰富的 I/O 端口。因此，如何使用内置的 I/O 端口，如何进行编程是计算机的重要设置。

3. 存储器

如前文所述，存储器可以分为 RAM 和 ROM。RAM 是可随意读写的存储器，在计算机中用于变量数据的存储。当然也可以将程序存储在 RAM 中，但一旦断电，存储的内容就会消失。RAM 分为 SRAM 和 DRAM，而嵌入式计算机主要使用 SRAM。

ROM 的种类与概要见表 7.2。

表 7.2　ROM 的种类与概要

ROM 的种类	概　要
掩码 ROM	以写入数据的状态下制造。适用于大量生产
P-ROM	只能写入一次的存储器
EEP-ROM	可以电擦写。擦写速度快，但价格昂贵
UVER-ROM	IC 封装的上面有透明的窗口，可以用紫外线擦除。需要 ROM 写入器来写入。以往的 ROM 指的是 UVER-ROM，但近年来使用频率有所下降
闪存	可以电擦写。由于可以在安装于主板上的情况下进行擦写，所以对于已经完成的系统上进行程序变更也比较容易。近年来，装有闪存的计算机越来越多

CPU的组成与发展

◈ CPU的内部结构

下图是美国 Zilog 公司的 Z80 CPU 结构图。它由运算器、控制器以及寄存器3部分组成，具有以下功能。

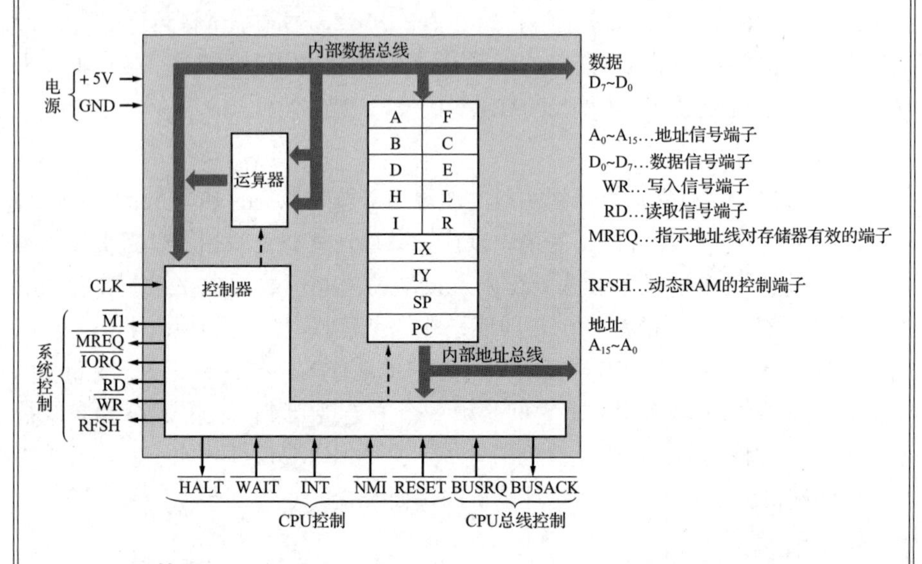

- **运算器**：根据控制器的指令，进行8位或16位的算术运算和逻辑运算。
- **控制器**：控制器监控CPU内部的动作，向各部分发送指令。它还对存储器和输入输出接口进行控制。它从程序计数器PC（存储程序的执行顺序）指示的地址中提取命令，该命令由控制器进行最终处理，反复进行这两个动作。
- **寄存器**：根据指令，临时存储数据，用于运算。有8位寄存器（10个）和16位寄存器（4个）。8位寄存器中的6个（图中的B、C、D、E、H、L）被称为通用寄存器，用于存储数据，也可以将2个8位寄存器连接为16位寄存器。16位寄存器（图中的IX、IY、SP、PC）存储存储器的地址。

◈ CPU晶体管数量的变化

CPU晶体管数量的变化如下图所示。

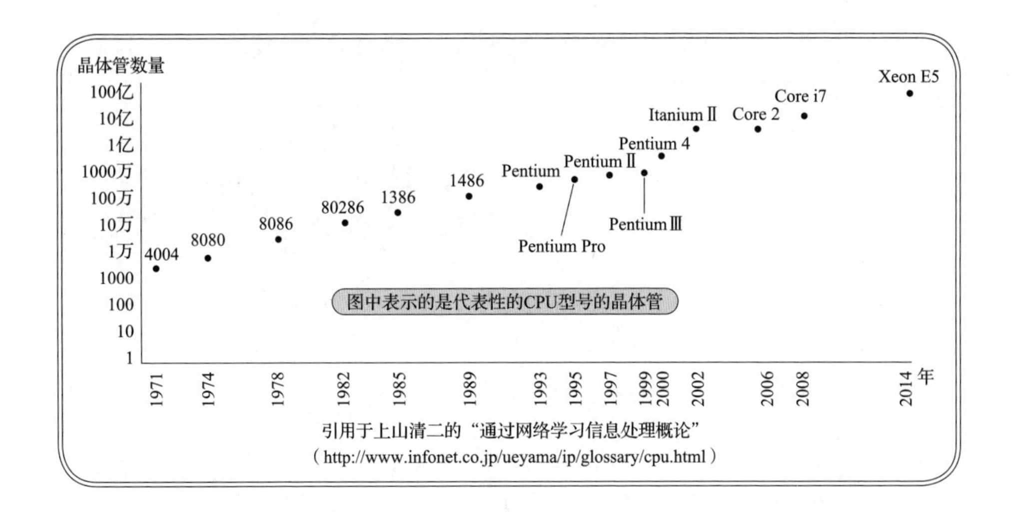

7.4 程序开发

下面，我们来看一下具体的程序开发步骤。图 7.9 展示了程序实现的过程（处理的流程图）。

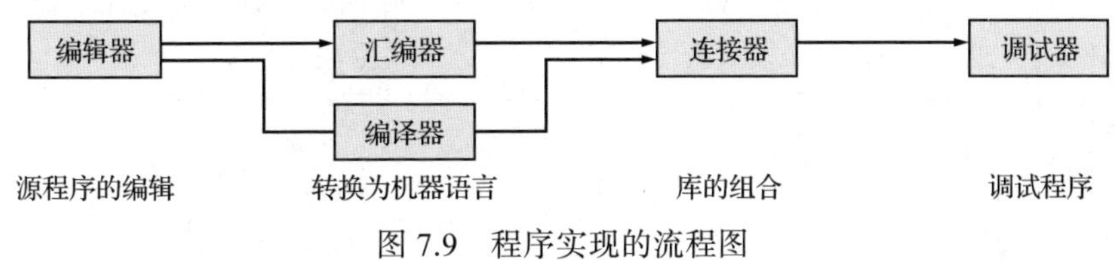

图 7.9 程序实现的流程图

1. 源程序的编辑

使用程序编写的编辑器软件来编写程序。程序语言有汇编语言、C 语言、BASIC 等。这里编写的程序被称为源文件。

2. 转换为机器语言

将用汇编语言描述的源文件转换成机器语言的软件称为汇编器。汇编语言以 0 和 1 的形式表现，是能够直接转换成机器语言的最低级别（能够直接指示计算机运行）的语言。虽然很少在 PC 上使用这种语言，但嵌入式计算机和用于控制 VisiON 4G 操作的计算机的程序中使用了该语言。

C 语言等高级语言（拥有人类更容易理解的形式的程序语言称为高级语言）也可以转换成机器语言。高级语言能直接转换成机器语言，也可以暂时转换成汇编语言（从机器语言转换成汇编语言很容易）。这种将高级语言转换成机器语言的程序被称为编译器。

3. 库的组合

仅靠用户自己编写的程序，通常是无法运行的。例如，读取键盘上的文字并将其输出到显示器上的任务，就需要相应的程序。这些对于任何用户编写的任何程序而言都是必需的程序，通常以库的形式提供。用户程序在编译器中被转换为机器语言之后，由连接器（连接程序）进行组合。不过，最近的很多编译器都包含了连接器的功能，用户无须进一步操作，就能将系统所需的程序安装进去。

4. 调试程序

最后的一个重要的工作是调试程序。为了按照最初的设计运行程序，需要反复修改程序。导致需要进行修改的原因被称为程序的bug，而排除这个bug的工作就是调试。在使用C语言这样的高级语言的情况下，可以使用名为debugger的软件，逐步运行程序的同时，确认bug在哪里，以及值是否按照你的想法插入变量中。

普通的计算机只要开发好程序就能直接运行。但是在所谓的嵌入式计算机（如VisiON 4G操作控制用计算机）中，程序需要下载到被称为ROM的特殊存储器中。这需要使用被称为ROM写入器的设备。ROM写入器或嵌入式计算机通过通信线路与开发程序的计算机连接，以传输程序。

程序语言与算法

◈ 程序语言

在计算机内部，由0和1组合而成的指令被存储在存储器中，它们依次被取出来进行解释和执行处理。可以直接被处理器解释的指令称为机器语言。但是，机器语言对人类来说很难理解。人类容易理解且计算机也能翻译的语言是程序语言。最简单的程序语言是汇编语言，它由与机器语言指令一一对应的字母指令码（助记码：表示要进行什么处理）和操作数（动作的对象：表示“把什么到哪里”）组合而成。汇编语言适合直接控制机器，理解计算机的工作原理，但不适合开发大规模程序。

◈ C语言

能够以接近人类思维方式的形式来描述编程的工作顺序的语言是高级语言，C语言就是其中之一。C语言程序是函数的集合，能读取标准函数和其他函数程序并进行处理。C语言在各个领域上被用于开发应用，出现了各式各样的种类，虽然它们存在着细微差别，但基本上是一样的。用C

语言编写的程序与其他高级语言（BASIC、Fortran 等）相比，其特点之一是可以开发硬件控制等机器用程序。

◈ 算法

表示信息处理顺序的方法称为算法。在基本的信息处理方面，人们已经开发出了各种算法。例如，将数据按照规则顺序排列的“排序”算法，以及从众多数据中寻找目标数据的“搜索”算法等。

在数据中寻找是否有某个值，如果有那么是第几个时，可以考虑以下两种算法。

- ❑ **线性搜索法**：逐一确认数据。
- ❑ **二分搜索法**：数据按从小到大的顺序排列时，从数据的最小值和最大值来计算求得中位数。将数据中间的数据与中位数进行比较，如果中间的数据小于中位数，则将中间的数据作为最小值重新计算中位数，之后重复同样的步骤。

算法可以用高级语言描述，也可以用流程图表示。下图是二分搜索法的流程图。

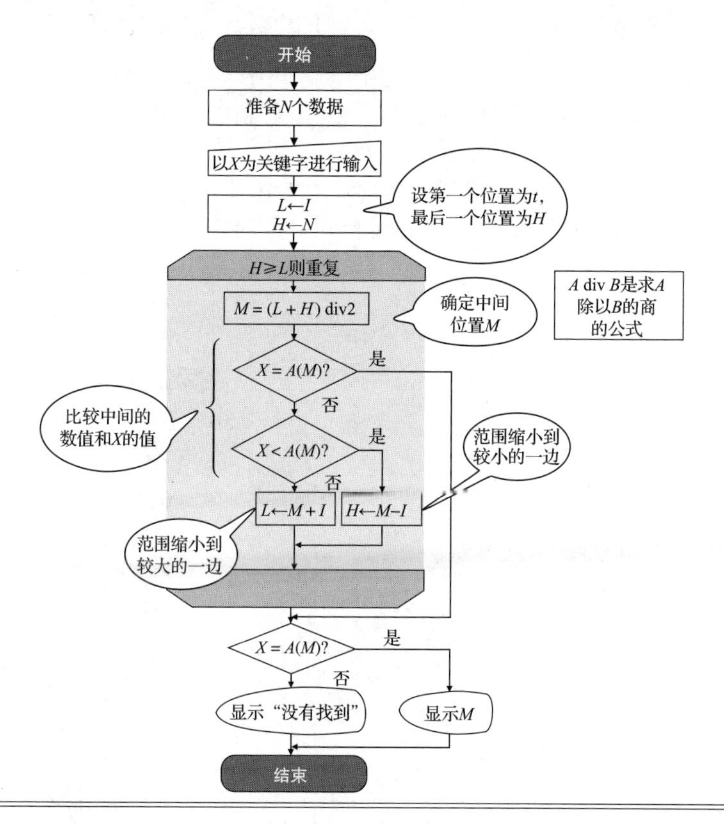

7.5 计算机控制系统

那么，该如何使用计算机来驱动机器人呢？下面以“按下开关，电动机就会旋转”这种非常简单的机器人为例来说明。

7.5.1 控制系统的构成

图 7.10 展示了用计算机控制机器人的控制系统结构图。图 7.11 展示了在 VisiON 4G 的原型 Robovie-M 的计算机主板上连接伺服电动机的例子：连接在计算机主板上的伺服电动机根据 CPU 发送的指令来驱动电动机的电路。

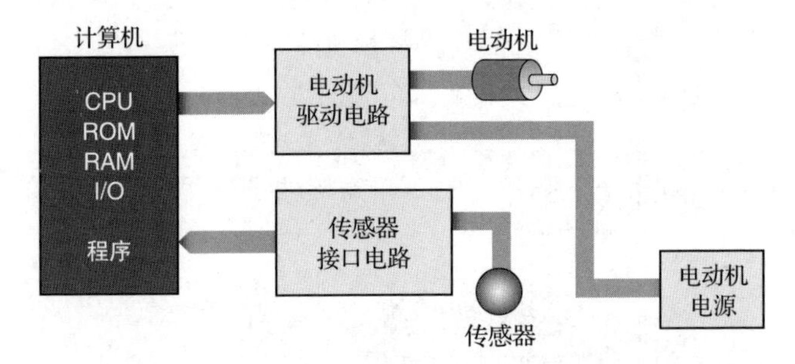

图 7.10　用计算机进行控制机器人的控制系统结构

驱动电动机的电路将安装在电动机轴上的角度检测传感器（电位计）测得的值与计算机发送的指令（角度）进行比对，同时根据计算机发送的指令来驱动电动机。

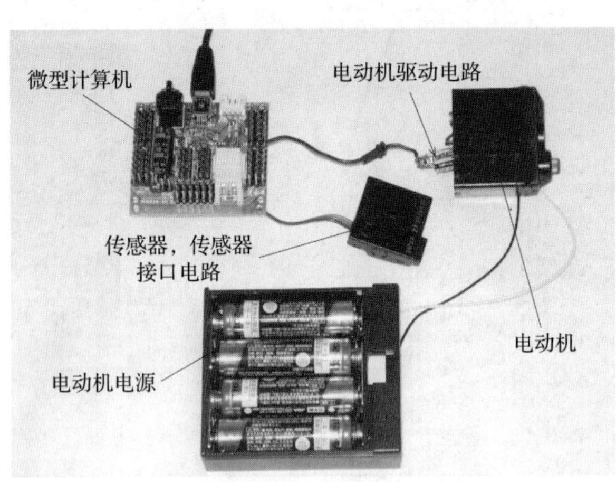

图 7.11　控制系统的实物图

7.5.2 电动机控制程序

在计算机的 I/O 端口上连接电动机驱动电路。首先来说明操控电动机旋转和停止的程序。控制灯的开启和熄灭与控制电动机的转动和停止的程序是相同的。在此，我们将考虑开发一种与自动门的操作方式相同的系统，即人靠近时转动电动机开门，人离开时关门。这种程度的系统不需要特意使用计算机，但如果使用计算机，还可以增加传感器和电动机，从而实现更复杂、更智能的动作。在阅读完这本书之后，大家可以各自思考一下如何扩展程序，可以用程序来做些什么。

首先要确定的是“在程序中执行什么，如何来执行”。因此，一般来说，要先制作处理过程的流程图。

图 7.12 是一个程序流程图的例子。首先，启动程序后立即进行初始设置。这里进行的是程序中使用的各种变量的初始化，比如记录第一个电动机的位置，或者记录第一个传感器的状态。

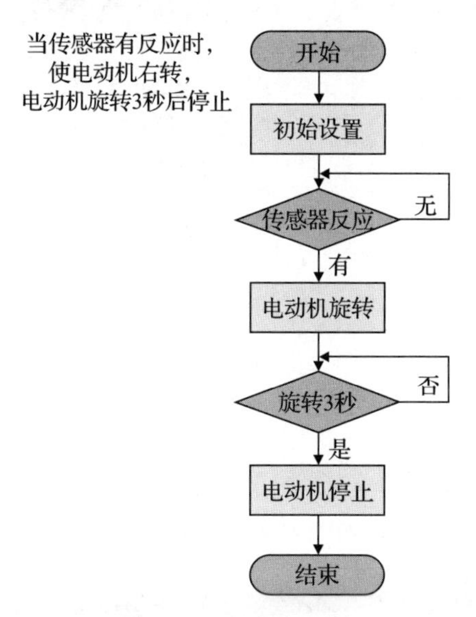

图 7.12 程序流程图

通过记录的数据与初始值进行比较，就可以知道传感器的反应变化。一般来说，很多人在写程序之前忘记将其初始化，这是造成程序错误的一大原因。

接着，用程序测试传感器的反应。传感器没有反应的情况下，如图 7.12

中箭头所示再次去测试传感器的反应。也就是说，在传感器有反应之前，按照箭头指示方向重复操作，电动机不会旋转。如果传感器有反应，电动机就会转动。

电动机转动后，接下来要记录转动的时间。记录时间的变量需要在初始设置时设定为0。然后，重复记录时间，直到经过了3秒。电动机旋转3秒后，程序停止。

制作完流程图，再按照该图编写程序。

清单1展示了用C语言编写的使用电动机和传感器的简单机器人的具体程序示例（C语言的相关知识请参考专业书籍）。

清单1

```
01.  // 直流电动机控制
02.  // 端口A的输入："0x01"为有反应，"0x00"为无反应
03.  // 端口B的输出："0x10"为右转，"0x01"为左转，"0x11"为停止
04.
05.  #include<stdio.h>              // I/O端口的地址
06.
07.  void  joinit (void)
08.  {
09.      PA = 0x00;                 // 端口A 控制输入
10.      PB = 0xff;                 // 端口B电动机输出
11.  }
12.
13.  void  wait (int c)             // 等待时间函数
14.  {
15.      Long t = 100000;
16.      while (c--) {
17.          while (t--) ;
18.          t = 100000;
19.      }
20.  }
21.
22.  int main (void)
23.  {
24.      joinit ( ) ;               // 初始设置
25.      while (PA  ==  0x00) ;     // 等待传感器出现反应
26.      PB  = 0x10;                // 电动机向右旋转
27.      wait ( 3 ) ;               // 等待3秒
28.      PB = 0x11;                 // 电动机停止运作
29.  }
```

关于清单1的程序，我们做几个补充说明。首先，从传感器读取数据和对电动机的发送指令，都是通过被称为端口的存储器上的特定地址进行的。实

际上，只要读取存储器地址的内容，就可以读取传感器的值，还可以启动电动机。例如，假设这台计算机有 A 和 B 两个端口，该端口由 8 位构成。

8 位的值，在程序中用前缀为 0x 的 16 进制数字表示。也就是说，十进制的 0 是 0x00，十进制的 15 是 0xff。十进制的情况下，使用从 0 到 9 的数字，而十六进制的情况下，使用 0 到 9 以及 a 到 f 来表示。当然，程序也可以处理十进制的数字。但是，所有的存储器都是用二进制表示的。如果是 8 位的值，就是 8 位的二进制。通常用各自 4 位的两个十六进制数字来表示。

端口 A 在存储器上可以有 0x00、0x01、0x10、0x11 四个值。读取端口 A 的值，如果该值显示为 0x01 就可以知道传感器有了反应。反之，如果将值写入端口 B，电动机就会根据该值来启动或停止运行。

那么，让我们按照程序的顺序进行说明。main(void) 是主程序，一切操作都从这里开始。在 main(void) 中，首先调用 joinit()。joinit() 在端口 A 和端口 B 中分别写入 0x00 和 0xff 的值，进行初始化。下一个指令是 while(PA==0x00)。它从端口 A 读取值，在该值为 0x00 时，即传感器没有反应时，仍然执行该指令（即停留在该指令上）。

当传感器发生反应，不满足 PA==0x00 时，执行下一个 PB=0x10 的指令，使电动机旋转。然后来到 wait(3) 这一步。在 wait(3) 中，while(c--) 中的 c 在这种情况下就是 3，把数字 3 减去 1，重复这一操作直到变为 0，并且每次对 c 减去 1 的同时也对 t 减去 1 直到其变为 0 为止。把 t 减去 1，并检测它是否变为 0 这一过程也要经过一段时间。之所以在 t 上输入 100000 这个数字，是因为假设这个计算重复 100 000 次，那么大约需要 1 秒的计算时间。也就是说，在 wait（3）上运算的时间为 3 秒钟。

之后，在端口 B 输入 0x11 使电动机停止运行。另外，PA、PB 对应的是存储器的特定序号，其声明是在 stdio.h 中完成的，在 #include 中作为程序的源文件被读取。

接下来，让我们思考一些更复杂的程序——“门打开 5 秒后，如果传感器没有反应，就当作有人经过，将电动机向左旋转并关上门”的程序，该程序流程图如图 7.13 所示。

这个程序可以像清单 2 那样进行编写。详情请自行进一步思考细节。读者可以一边参考 C 语言的书籍一边测试程序。

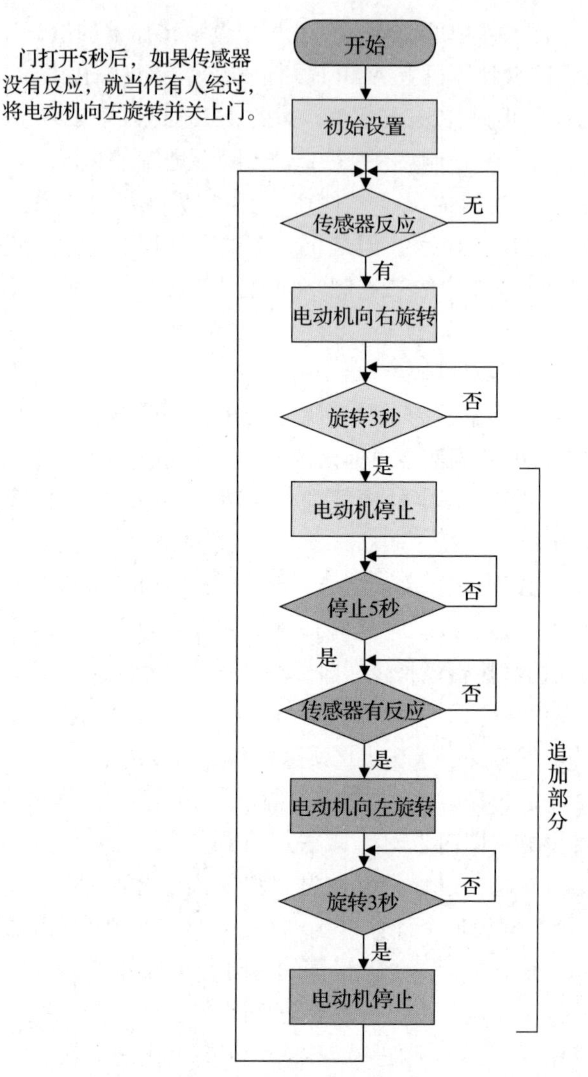

图 7.13 程序流程图

清单 2

```
01. // 直流电动机控制
02. // 端口 A 的输入 :“0x01”为有反应,“0x00”为无反应
03. // 端口 B 的输出 :“0x10”为右转,“0x01”为左转,“0x11”为停止
04.
05. #include<stdio.h>   // I/O 端口的地址
06.
07. joinit (void)
```

```
08.  {
09.      PA = 0x00;                        // 端口A控制输入
10.      PB = 0xff;                        // 端口B电动机输出
11.  }
12.
13.  void  wait(int  c)                    // 等待时间函数
14.  {
15.      Long t = 100000;
16.      while(c--){
17.          while(t--);
18.              t=100000;
19.          }
20.  }
21.
22.  int main(void)
23.  {
24.          joinit();                     // 初始设置
25.          while(1){                     // 重复操作
26.                  while(PA == 0x00);// 等待传感器出现反应
27.                  PB= 0×00;             // 电动机向右旋转
28.                  wait(3);              // 等待3秒
29.                  PB=0x11;              // 电动机停止运行
30.                  wait(5);              // 等待5秒
31.                  while(PA==1);         // 等待传感器反应消失
32.                  PB = 0×10;            // 电动机向左旋转
33.                  wait(3);              // 等待3秒
34.                  PB = 0×11;            // 电动机停止运行
35.          }
36.  }
```

控制的基础

◈ 计算机控制系统

通过将计算机的输入输出接口和致动器的伺服电路和传感器电路相连，就可以控制机器。致动器由计算机的控制程序控制。

◈ 信号和操作

计算机的控制是通过以下数据信号进行的。

- **数字信号**：使电压高低的电信号与1、0的数字信号相对应。
- **多数据信号**：计算机的信号是8位、16位等多位数的二进制信号。这些信号可以转化为十进制或十六进制的数值。
- **1、0的信号**：例如，使开关（switch）或传感器的开/关与输入数据的1、0对应。

❑ **多位（bit）信号**：将多位的1、0的数据进行数值化和编码。例如，通过计算机的接口将来自传感器的模拟信号转换为多位数字信号（A–D转换，即模数转换）。

◈ **流程图（顺序图）**

计算机执行的工作一般由几个过程组合而成。流程图（顺序图）是一种简明易懂地表示该处理步骤的方法。流程图按照处理顺序来表示。当过程的进行方向与顺序相反时，用箭头表示处理的方向和顺序。在图中给出了流程图的示例。

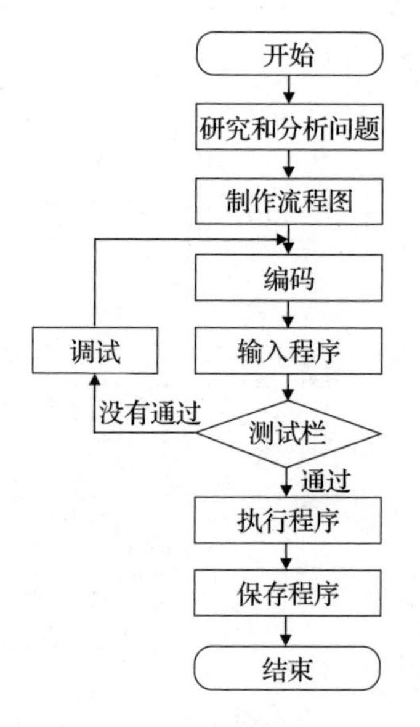

按照流程图编写程序的要点如下。

❑ 充分把握应处理的工作内容并进行分析。
❑ 根据流程图，用程序语言编写程序。
❑ 将程序输入计算机。
❑ 测试程序，确认操作是否正确。
❑ 操作不当时，修改程序，重新测试。

7.6　人形机器人编程

如果进一步开发机器人程序，就可以让机器人做各种事情。例如就像

VisiON 4G 一样，可以走路、坐着、踢球等。在本节中，我们讨论人形机器人（humanoid）的整体程序。

对于人形机器人来说，从睡眠状态中站起来的能力非常重要。不仅如此，机器人必须具备趴着通过狭小空间的能力，并能够在摔倒后立即站起来继续工作。

图 7.14 展示了人形机器人从仰卧状态下起身的动作。要做出这样的动作，需要考虑机器人身体的哪些部分与地面接触，机器人相对于地面的姿势是怎样的，机器人如何移动躯干和四肢才能爬起来；同时，机器人需要做出相应的动作，并将这些动作衔接起来。另外，就像这个例子一样，如果地面平坦，地板的柔软度和地板与机器人身体的摩擦也没有太大的变化，那么大多数情况下就能起身成功。但是如果地板凹凸不平，或者地板倾斜，那么使用同样的动作就无法起身。如果机器人不能很好地做出动作，就需要一点一点地改变操作，边试错边进行调整。

图 7.14　机器人的起身动作

包括起身动作在内，步行中跌倒后，直接站起来，继续步行这样的整体行动，可以用图 7.15 的状态转换图来表示。状态转换图是表示机器人可能的状态及其关系的图，可以认为它是流程图的扩展。以该状态转换图为基础，可以开发出机器人应对各种状态采取行动的程序。

让我们再进一步说明一下图 7.14 的情况。图 7.14 中的仰面起身等一系列动作，在这里是通过用手撑地，重心放在脚上，身体站起来的一套动作来实现的。另外，在步行中反复进行左右腿移动的跨步动作。从这个演示图来看，我们可以知道在整个步行中，从滑倒，随后变成平躺或俯卧的状态后，为了从该状态下回到步行途中的状态（左脚跟前或右脚跟前），需要采取从双手撑地趴在地上（用手支撑的姿势），到蹲下（蹲姿），再到站起来（站姿）等一系列的动作。另外，在这个恢复动作的过程中，即使再次失败并倒下，也可以通过探索从该状态到步行状态的途径，从跌倒中恢复过来。

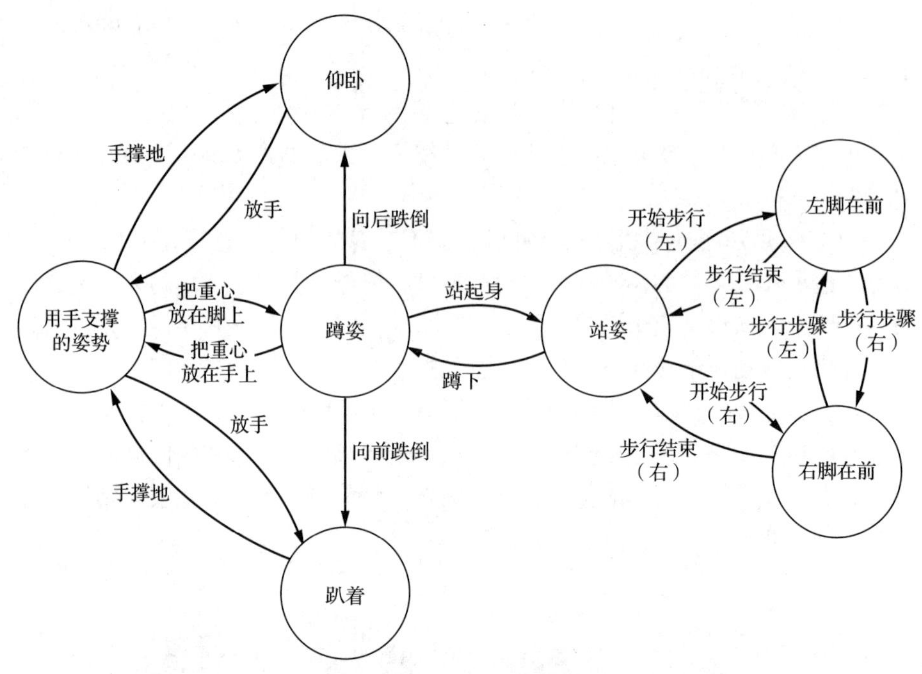

图 7.15　机器人状态转换图

虽然本节介绍了机器人的行动程序的概要，但在实际的程序中，还需要考虑机器人的用途，考虑到机器人所具有的功能，并研究如何实现该功能。

我们以 VisiON 4G 在足球比赛中的动作程序为例进行介绍。足球比赛需要机器人做出将球射向对方球门的行动，以及防止对方射入球门的行动。射门员机器人需要的动作有前后左右的步行动作、从俯卧、仰卧状态中起身、射门动作等，守门员机器人除了射门机器人的动作之外，还需要有救球的动作。为了能够准确射门，机器人和球的位置关系也很重要，因此也有必要对射门方向进行微调。

即使简单地行走，机器人也需要细微调整步幅和转弯角度。通过更快的行动可以在比赛中取得优势，但是也不能忽视整场比赛的行动的耐久性。考虑到耐久性和稳定性，VisiON 4G 的步行速度要控制在最高步行速度的一半左右。另外，在步行方法方面，射门员机器人的前后、左右、斜向步行和转弯自不必说，步幅也可根据情况自由调整，因此它能够准确而有力地射门。守门员机器人的救球动作采用了 5 种根据不同情况下的程序所生成的动作。

CHAPTER 8

第8章

行动的计划和实行

主要内容

- ❑ 经典体系结构。
- ❑ 基于反射行为的体系结构。
- ❑ 关于利用地图来控制行动计划的理论。

8.1 经典体系结构

到目前为止，我们已经介绍了机器人的传感器和电动机。在本节中，我们将讨论使机器人变得更聪明的技术，即机器人的“大脑”结构。

使机器人能处理来自传感器的信息，并决定采取哪种行动，像人一样工作这是人工智能领域的研究课题。在此我们只对其入门内容进行介绍，详细内容请参考人工智能相关书籍。

根据传感器信息创建适用的环境模型，并以此为基础，根据事先制定的规则（在什么状态下，应该采取什么行动），确定各种行动。这种机器人的体系结构如图 8.1 所示，称之为经典体系结构。

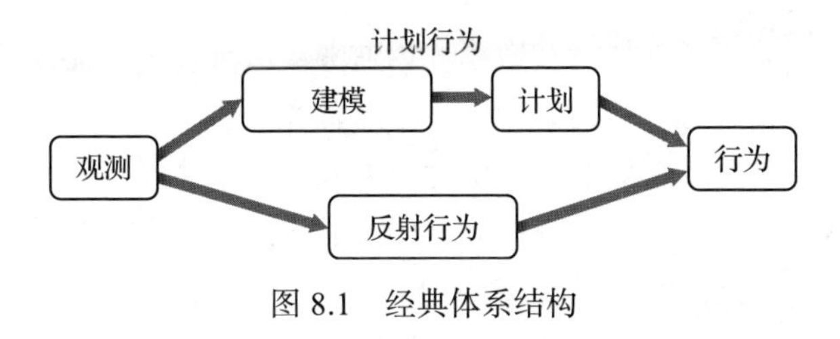

图 8.1　经典体系结构

如图 8.1 所示，计划行为是以传感器信息为基础，尽可能准确地把握周围的状况，制定计划并采取行动的部分。另一部分是对传感器信息反射性地反应的反射行为部分。反射行为，如一碰到物体就马上停止的动作那样，与计划行为独立开来，在传感器有反应时经常被执行。

计划行为是对环境进行精密的建模，为了完成给定的任务，事先考虑该如何行动，从而生成计划并实行的一种行动。在计划行为中，通过传感器获得的信息，会根据人设想的特定表现（例如三维几何模型）被加以描述，最终变为环境的模型（通过图 8.1 的“建模”），其中一个简单的模型例子就是地图。在计划行为中，在环境模型的基础上为了达到目的制订进一步的行动计划（通过图 8.1 的“计划”），执行有计划的行动。

这种经典体系结构的问题在于，给定任务的模型必须正确，并且任务的执行要准确。如果建模不正确，就无法制订适当的计划，其结果就是机器人无法正常运行。一般情况下，机器人仅靠传感器很难生成周围的正确模型和地图。

这样的经典体系结构，由于计划行为的部分与认真考虑后再行动的人的行为相似，所以也被称为深思熟虑型体系结构。然而，这有点想当然了，实际上基于深思熟虑型架构的机器人还具备反射行为部分（如图 8.1 所示），基本上没有单纯地只由深思熟虑型体系结构（只有建模和计划）组成的机器人。因此，正确的说法是将深思熟虑型架构与反射行为相结合的混合体系结构称为经典体系结构。迄今为止开发的大部分机器人都是按照该体系结构设计的。

8.2 基于反射行为的体系结构

图 8.2 是由罗德尼·布鲁克斯教授提出的基于反射行为的体系结构（也称为包容架构，subsumption architecture）。它是一种在最简单的反射行为的基础上，按顺序分层累积行为的体系结构，它不像经典体系结构那样进行建模和计划，而是全部由并行执行的反射行为构成。布鲁克斯用这个体系结构实现了昆虫型机器人，即根据传感器的各种反射行为来行动。如果事先准备大量的反射行为，并适当地决定其执行顺序，就可以实现与昆虫相同的行为，这实际上可以说已经制成了非常灵活的机器人。

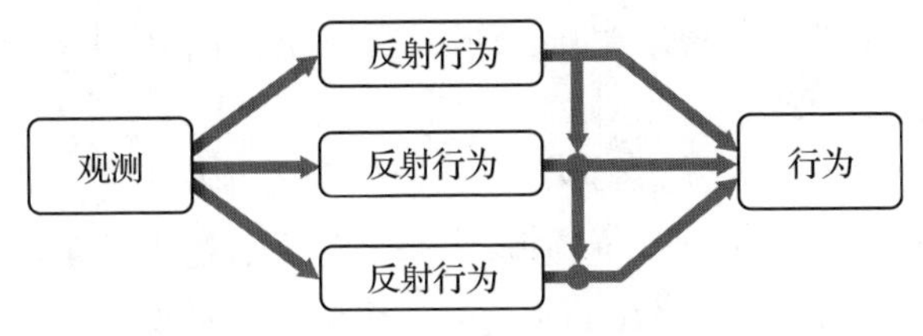

图 8.2 基于反射行为的体系结构

基于反射行为的体系结构的问题在于这种架构不做计划。想要在复杂的环境中适当地行动，对环境建模并按照计划行动是必不可少的，而这是一种深思熟虑型的行动。在足球机器人中，基于反射行为的体系结构的机器人最初也可以表现得相当出色。但是，机器人要想一边观察其他选手的位置，一边采取各种思考后的行动，还是需要建模和制订计划。

基于反射行为的体系结构的另一个问题是难以确定其网络结构。如图 8.2 所示，反射行为的执行顺序关系由分布在反射行为之间的网络结构决定。该网络结构具有上位反射行为优先于下位反射行为的包容（subsume）规则。这是在有两种反射行为并可实行的情况下，统一决定实行哪一种行为的机制。那么，如何确定反射行为的网络呢？实际上，通过反射行为网络来表现机器人的各种行动是非常费时费力的——按照直觉上认为的好的组合，试着将反射行为连接起来，并在实际中让移动机器人进行确认，如果行为不好就重新进行连接组合，通过摸索来确定最佳的行为网络。如果机器人的行动变得复杂，这项工作就会非常费时费力，比基于经典体系结构来开发机器人还要费时费力。但是，行动相对简单的机器人，可通过基于反射行为的体系结构来行动，由于没有建模和计划等需要花费时间的工作，所以能够非常迅速地行动起来。

我们需要根据目的或实际情况来慎重地决定是否采用经典体系结构、是否采用基于反射行为的体系结构、制作什么样的机器人、在什么样的环境中移动机器人等。机器人越复杂，这些问题就越难解决。这些问题和机器人研究人员正在研究的问题是一样的。

研究中最重要的是创意。专家不一定能想出好点子。说不定在你们当中，就会有人想出绝妙的点子，开发出像人一样进行复杂作业的机器人。

8.3 基于反射行为的体系结构示例

那么，具体要如何制作机器人呢？在本节中，我们将一边介绍已经开发出来的机器人的构造，一边思考其制作方法。让我们来看看基于反射行为架构的机器人 Myrmix。

Myrmix 是以具有动物最基本功能（发现食物并吃东西）为目的被开发出来的机器人（如图 8.3 所示）。但实际上机器人并不是要吃东西，而是确定与之相对应的机器人的动作。Myrmix 检测到食物后，就会走向食物，在食物前停下，打开灯。这相当于“吃”东西这个动作。经过一段时间，机器人改变方向再次行动。Myrmix“消化”食物需要一定的时间，在这个“消化期”中，它只会避开遇到的所有食物。为了显示这一状态，灯要一直亮着。也就是说，灯亮着表示“胃里有吃下的东西”的状态。经过一定时间，食物完全被“消化”后，它会关灯再次寻找食物，采取“吃”的行动。Mymix 的结构可以用图 8.4 中的反射行为体系结构来表示。

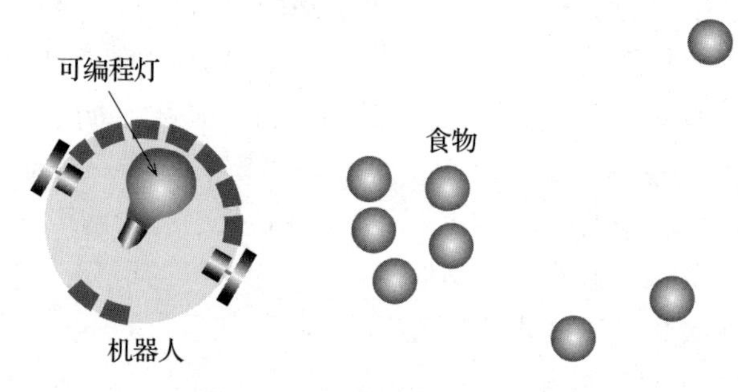

图 8.3　觅食机器人 Myrmix

如上文所述，在基于反射行为的体系结构中，最重要的是确定网络结构。Myrmix 具有“安全前进”“避开障碍物”“收集”这三个基本功能。为了实现这三个基本功能，如图 8.4 所示，连接了各种反射行为。图 8.4 中，①表示来自指向该标记的箭头的行动具有更高优先级（即上位行为如“食物检测”优先于下位行为如“障碍物检测”）可以优先执行该任务。

让我们进一步说明基于反射行为的架构的作用。位于最低位置的安全前进，在使机器人向前直行的同时，可以避免机器人与障碍物发生碰撞。安全前进的功能由“前进”和“后退”这两种反射行为构成。

Myrmix 通常处于“前进”的状态。“前进”反射行为使两个电动机以预先设置的速度旋转，使机器人能够前进。但实际上，在机器人开始前进之前，还需要进行检查前进路径上是否有障碍物等几个操作。因此，机器人首先要通过安装在前面的红外线传感器来检查前进道路上是否有障碍物。当红外线传感器的值大于一定的值（阈值），即前进道路上有障碍物时，机器人的控制就会变为“后退”。在没有障碍物的情况下继续“前进”。“后退”反射行为是将电动机以预先设置的负速度旋转，在一定时间内使机器人后退。然后，通过机器人后方的红外线传感器，检测是否发生碰撞。在后方检测到碰撞的情况下，或者在规定的一定时间内后退的情况下，机器人的控制将再次变为“前进”。在这两个模块的作用下，机器人可以在不与障碍物碰撞的情况下前进。

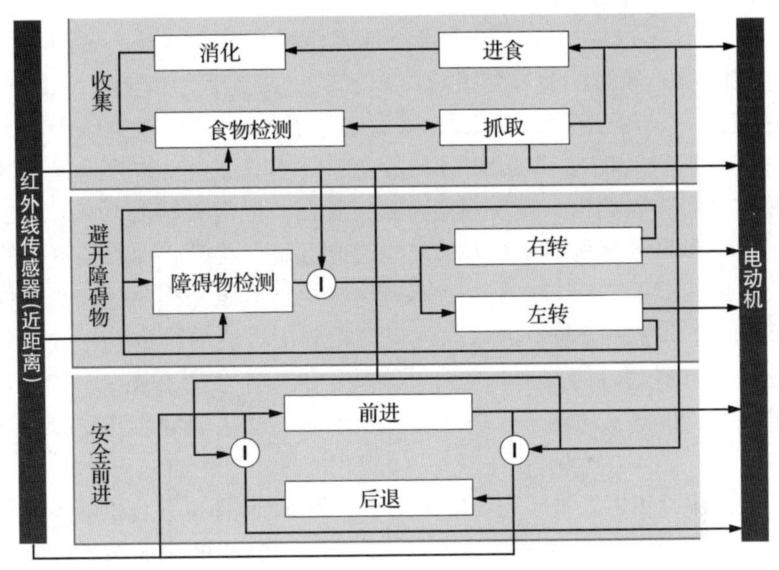

图 8.4　Myrmix 的基于反射行为的体系结构

此外，当遇到前方障碍物时，机器人不仅需要后退，还需要具备回避障碍物的功能，这就是高于安全前进的避障功能。该障碍物回避功能也如图 8.4 所示，可以通过连接反射行为来实现。

8.4　计划行为

采用基于反射行为的体系结构，可以比较简单地制造出像昆虫一样快速移动的机器人。但是，从事更高级工作的机器人需要对环境建模并采取计划好的行动。在本节中，我们将介绍机器人如何根据给定环境的地图，来检测可移动的场所，从而能够有计划地行动。

机器人要想能按照人类的意图来移动，就必须通过某种方法知晓移动路径。首先考虑给定地图，并且告知机器人当前的大致位置和目的地的情况下的方法。机器人应该做的事情有以下4件。

1）根据地图，确定大致的移动路线。

2）将自己周围的环境与地图相对应。

3）决定当前的移动轨迹，进行移动。

4）避开地图上没标出的障碍物。

关于1），可以使用从地图中搜索最短路径的现有方法。这与本书前半部分介绍的控制器的运动规划相同。关于4），由于必须快速检测出障碍物，因此在室内多采用超声波传感器。另外，其结构还可以以类似于前面所提到的基于反射行为的架构的形式实现。在2）和3）中，需要选择检测环境结构的传感器。当然也可以使用超声波传感器，但需要精度更高。对于人而言，用两只眼睛看，就能从视差信息中得知环境的构造，而机器人也使用了与人眼构造相同的方法。这是一种将两个相机像人眼一样放置在一起的双目立体视觉（立体视）方法。通过立体视觉检测出环境的构造，并将其与地图进行比较，机器人就能知道自己身处环境中的哪个位置。图8.5展示了具有这种传感器的机器人的例子。这是由ATR智能机器人研究所开发的Robovie-R2。

让我们假设机器人被事先给定如图8.6所示的地图，并且机器人沿着图中描绘的轨道移动，还假设地图上标出了地标。地标指的是显眼的目标物，通过将给定的地图和实际机器人的传感器（双目立体视觉等）获得的信息进行比较，有助于了解机器人当前的位置。一般会选取像柱子和桌子的四个角那样特征明显的场所。图8.7显示了利用安装在机器人上的两台摄像头进行双目立体视觉的过程。从两台摄像头分别得到的图像中检测垂直线（可以通过使用边缘检测算子分析图像来检测垂直线）。检测出垂直线之后，在左右图像中求出哪两条垂直线相互对应（称为解决对应问题），然后就可以利用三角测量的原理，求出垂直线，也就是物体边缘的位置。这里的垂直线也可以被称为地标。这样一来，就能够通过图像处理选择出容易发现，并且表示环境结构的地标。

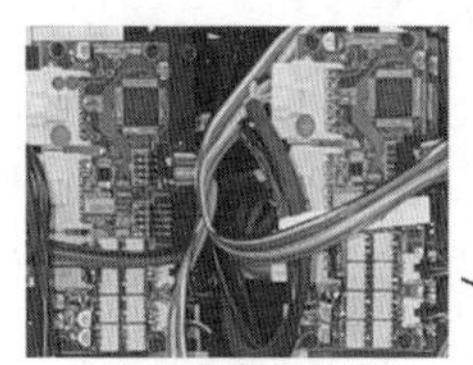

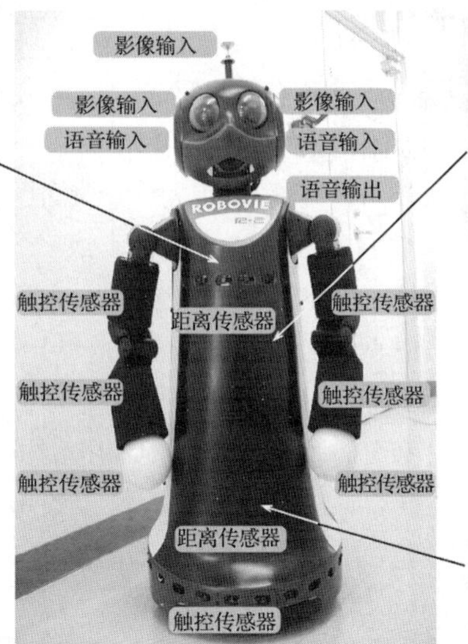

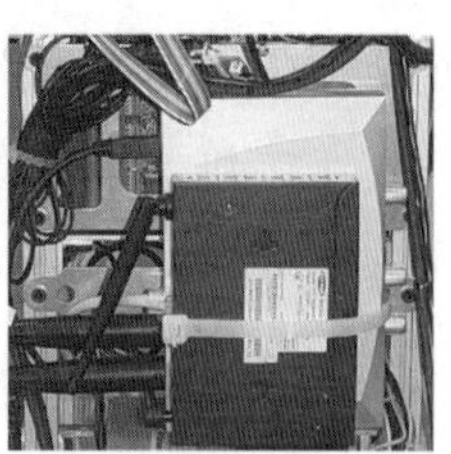

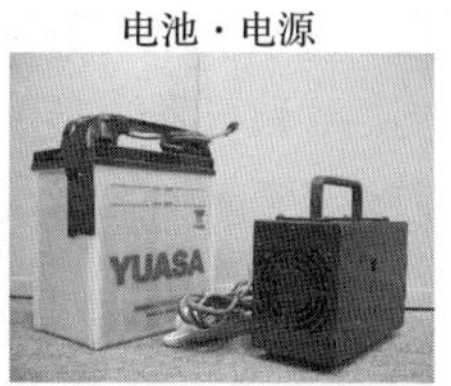

图 8.5　自主移动机器人 Robovie-R2

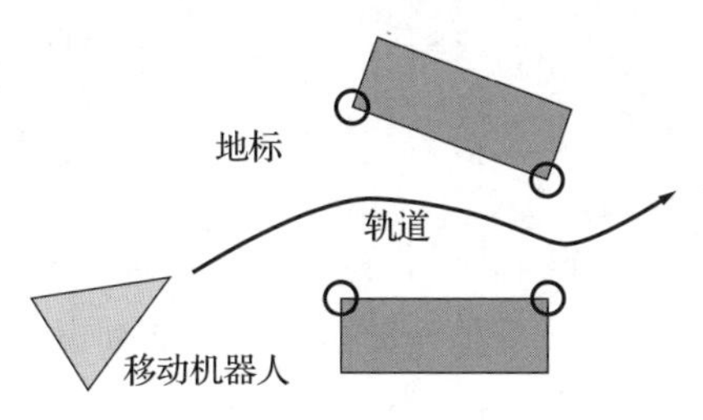

图 8.6　包含移动路线和地标的地图

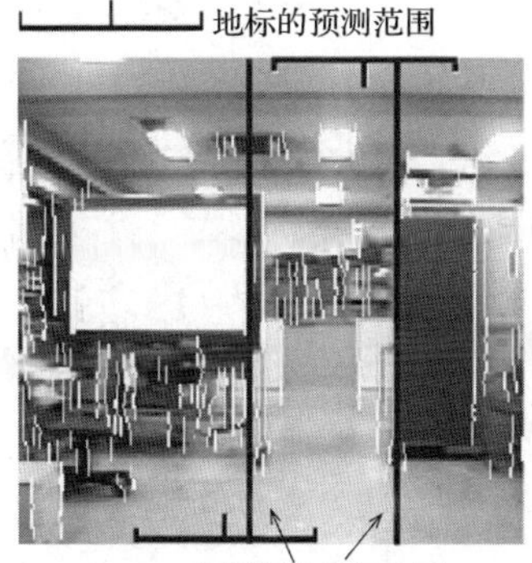

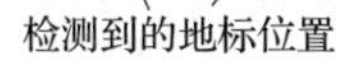

图 8.7　支持立体垂直线

（图片由大阪大学三浦研究室提供）

8.4.1 测量和移动的误差

另外，机器人在实际移动时还有一个问题是“环境的测量和移动会伴随误差”。和人的感觉一样，机器人的传感器也不完美，一定会伴随着误差。如果这种误差不断累积，对机器人来说就会造成严重的问题，机器人甚至会不知道自己现在在哪里。

为了从环境中找出地标，就需要以“现在机器人就在这里，因此这个地方可能会有地标”的预测为中心，对地标进行搜索。当然，也可以对整个环境进行搜索，但那样会浪费太多时间，为了让机器人能够快速移动，这样的预测还是尽量不要使用为好。在前面的垂直线作为地标的例子中，考虑到双目立体视觉的误差和机器人定位的误差，应该从机器人的位置出发，通过双目立体视觉来观测能看到地标的大致范围，并检测出范围内的垂直线，求出其所在位置，找到哪个是地标。

8.4.2 误差估计时间

一旦机器人知道了地标的三维位置，就可以推测出自己现在的位置，按照计划的路线移动。但这里又出现了新的问题，就是“在环境观测中，从数据输入到得到结果需要一定时间”。

如果从输入图像到得到结果为止保持静止，移动就会断断续续。为了能够持续流畅地移动，在进行图像处理的过程中也必须保持移动。因此，我们做如下处理。

首先，假设以时刻 t 为基准，在其前一个时刻（$t-1$），得到机器人的位置和误差的估算。图 8.8 左边的黑点和以它为中心的大椭圆表示机器人的位置。其次，在这一时刻输入图像数据并开始处理。如果边处理边移动，那么在时刻 t 上会增加移动的误差，误差产生后的椭圆会更大（图中虚线的椭圆）。但是，如果在这个时刻处理完毕，就能更准确地知道前一个位置（小椭圆）。这样一来，在 t 时刻的位置也会更准确（图 8.8 右侧较小的椭圆）。

8.4.3 人的引导

最后，我们对行动计划进行说明。如前文所述，如果设定了目标，那么只要找到最短的路线，朝着它移动就可以了。但在大多数情况下有多条路径，并且很多情况下希望由人更具体地给机器人设定好目标。这是一种由人给机器人赋予目标的方式，其中有一种方法是人直接带领机器人行走。在机械臂中，有一种被称为“示教再现”的方法（见 2.1.5 节），其方法与人先移动机械臂的前端，然后由机器人记录并再现该动作的方法相同。机械臂的根部被固定在环境中，因此其动作几乎没有误差，与此相对，移动机器人会在移动中打滑，因此机器人的位置会很容易发生变化。

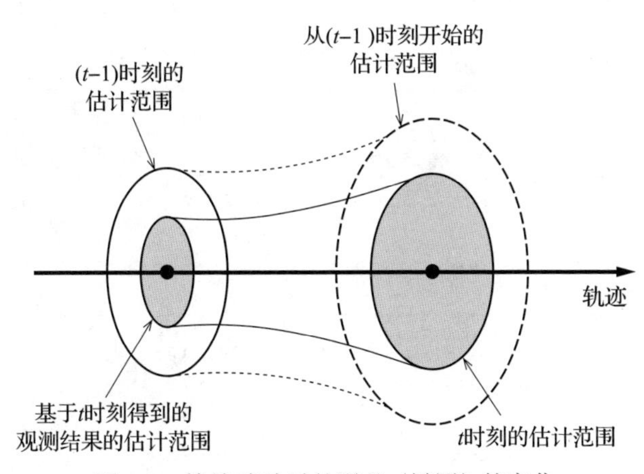

图 8.8　持续移动时的误差（椭圆）的变化

在一边带着机器人一边给机器人指路的手段上，也可以考虑多种方法。人可以用遥控器直接改变机器人的方向，也可以利用机器人的功能来追人。不管怎么说，对机器人来说最重要的是，在人给机器人指路的过程中，机器人要充分观测环境，记住路径。

图 8.9 中给出了一个简单的例子。机器人在被人引导时，会以一定的间隔观察一定范围的方向，找到障碍物。在这种情况下，也需要考虑移动和观测的误差，确定好之前看到的东西和现在看到的东西，哪个和哪个相对应。这样一来，在移动的过程中将观测的结果连接起来，就能制作出一张地图。图 8.9 中的粗线是观测到的障碍物和地标。

在考虑机器人与人的多样关系以及机器人更为复杂的行动时，本节所讨论的问题就变得非常重要。因此，只要花点心思，机器人就会变得更容易接近人，变得更聪明。请同时参考其他文献，学习各种改进的方法。

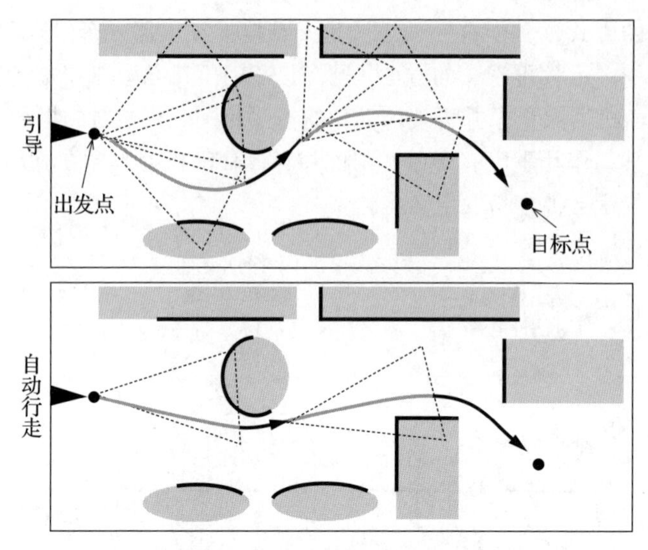

图 8.9　由人引导的地图制作与自动行走

CHAPTER 9

第9章

网络协作与发展

主要内容

- 通信技术的发展与互联网的起源。
- 网络的类型及其使用实例。
- 网络在机器人中的应用。

9.1 网络技术的发展

网络技术不局限于简单的数据传输和远程传感等用途，还能够在远离机器人的地方进行庞大的计算或使多个机器人的协同工作成为可能，这对于机器人而言是不可或缺的存在。

9.1.1 计算机通信发展的历程

计算机通信在初期阶段使用电话线。电话是1876年由美国的亚历山大·格雷厄姆·贝尔发明的，随后在全世界范围内普及开来。

在日本，交互服务始于1890年分布在东京到横滨的200部电话。1979年，NTT的汽车电话服务开始出现，这是现在手机的原型。1981年，NTT在商用电话线上安装了现在已经在家庭中使用的光纤通信系统。

现在的互联网起源于1869年开发的美国军用数据通信网络阿帕网（ARP-Anet）。利用该军用数据通信网络，人们研发出了收发邮件、共享数据的技术。到了今天，全世界的人们都在使用这些技术组成的互联网。

继阿帕网的开发之后，计算机之间进行通信的协议也被开发出来。协议是指通信时的程序。例如，在电话中“使用对方的电话号码呼叫对方，对方接起电话后开始通话”的程序，计算机之间的通信也采用了同样的程序。1978 年，美国的研究人员完成了现在我们使用的 TCP/IP 协议的原型。随后，ISO（国际标准化组织）于 1979 年采纳了 OSI 的参考模型。ISO 是制定世界上各种事物的规范的机构。该机构将目前互联网协议的标准形式 OSI 参考模型确定为共同的标准，TCP/IP 作为其中一个具体实例，目前正在全世界范围内使用。

9.1.2　有线网络和无线网络

现在的计算机网络大致可分为连接固定计算机的有线网络和可移动使用的无线网络。在有线网络中，光纤被用于数据传输。在无线网络中，相对近距离的高速通信使用 Wi-Fi，而大范围的通信使用 3G 和 4G 等手机通信线路。在室内和室外移动的机器人也可以使用 Wi-Fi 和手机通信线路。

图 9.1 展示了利用通信线路在室外移动的机器人的例子，图 9.1 是两台自主型机器人在室外进行协作作业的场景。虽然图 9.1 的示例还没有运用于实际场合中，但已经在展会上公开展出。

图 9.1　自主驾驶油压挖掘机和自主驾驶履带式翻斗车

9.2　机器人的网络安装

计算机网络不仅用于连接个人计算机，还用于连接机器人的各种功能。

在这些网络中，实用化的代表性网络之一是汽车内网络 CAN（Controller Area Network，控制器局域网）（图 9.2）。汽车中使用了各种电子部件和小型计算机，简直如同机器人一样复杂，而负责这些电子部件和小型计算机之间通信的就是 CAN。

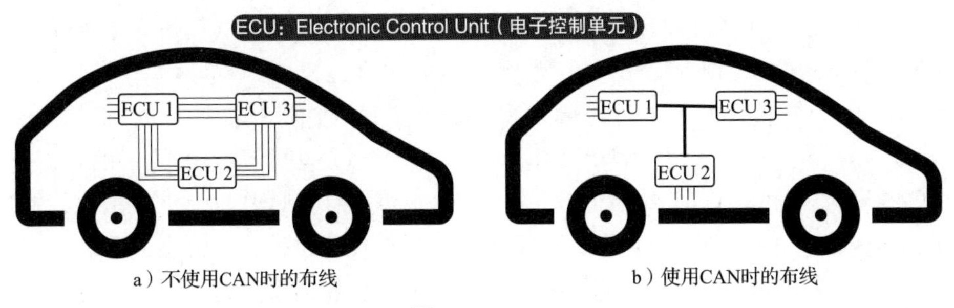

图 9.2　CAN

相对小型的机器人使用 USB（通用串行通信总线）网络。我们日常使用的个人计算机也配备了多个 USB 接口，可以使用 USB 将各种外围设备连接到个人计算机上。

很多机器人也使用 USB 进行通信。机器人内部主要需要控制电动机的小型计算机、处理图像和声音的小型计算机，以及从这些计算机上接收信息并决定机器人行动的核心计算机。这些计算机之间，多数情况下是通过 USB 连接的（如图 9.3 所示）。

图 9.3　使用 USB 通信

当然，除了 USB 之外，连接机器人内部计算机的方法还有很多。根据机器人的规模和使用目的，有时会使用以太网、RS-485 和 I^2C 等。

9.3　与云服务器协作的机器人

机器人不单单会工作，还可以与人打交道，提供多种服务。为此，它们需要具备正确识别人的声音和动作的功能。

深度学习（Deep Learning）等人工智能技术、使人类的声音转换为文本的技术（语音识别），以及回答图像和影像中出现的东西是什么的技术（图像识别）取得了飞跃性的进步。这些技术需要大规模的神经网络（模仿人类神经回路网络进行模式识别的程序）。

但是，这种大规模的神经网络需要具有大量存储器的高速计算机，无法安装在机器人上。因此，需要使用云服务器。“云”表示天空中的云的意思，服务器是指提供计算资源的计算机，一般是大型高性能计算机。也就是说，在广阔的网络上像云一样配置在各种场所的高性能计算机被称为云服务器。与通过特定计算机进行计算的物理服务器不同，云服务器的特点是不考虑计算机的设置场所和数量，只利用其计算资源。

通过有线或无线计算机网络来连接云服务器和机器人（见图9.4），能够让机器人运用高性能的语音识别技术和图像识别技术，识别出人声，或者在视觉上能识别出眼前的物体。如果能做到这一点，机器人就能与人产生联系，并通过这种联系为人提供服务。

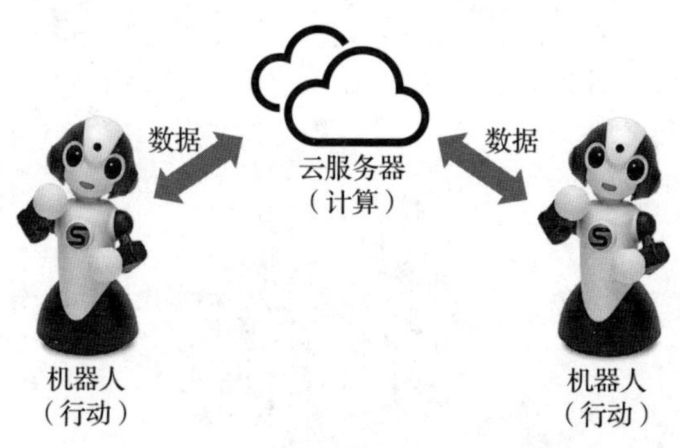

图9.4　云服务器和机器人网络

9.4　网络连接的世界“IoT”

计算机网络不仅连接着机器人，还连接着各种东西。我们已经在日常生活中使用的如智能手机等各种东西，都是通过计算机网络连接的。例如，在乘坐电车时，只需将智能手机放在检票口的系统上就能通过。像这样计算机网络上连接各种设备的网络，被称为IoT（Internet of Things，物联网）社会。

机器人不仅可以拥有自己的传感器和执行器，还可以和人类一样，利用IoT掌握多种能力。包括人类和机器人在内，互联网上各种东西相互连接，相互协作，产生各类服务。这就是IoT带来的未来社会（见图9.5）。

图 9.5 通过计算机网络连接的社会

CHAPTER 10

第10章 机器人制作实践

主要内容

- ❑ 学习驱动机器人的软件。
- ❑ 动作的制作方法和注意点。
- ❑ 各钣金的尺寸数据。
- ❑ 铝加工版和3D打印版的框架制作。
- ❑ 机器人本体的组装。

10.1 驱动机器人的软件 RobovieMaker2

RobovieMaker2是一款通过移动连接在PC上的机器人关节来设计机器人"动作"（motion）的软件。该软件由ATR智能机器人研究所开发，Vstone公司生产销售。

"动作"是指"走路""挥手""起身"等一系列动作。动作由表示机器人在行动中的某个时间点的"姿势"构成，将多个姿势按时间顺序指示给机器人，形成一个动作。与此具有类似结构的还有动画。动画的每一帧相当于机器人的一个姿势。机器人的CPU板"VS-RC003HV"对机器人的姿势之间的动作进行了补充处理，使得机器人没有详细地指定姿势也能进行所希望的动作。

在本节中，我们将介绍RobovieMaker2以及机器人的动作设计方法。

10.1.1 运行环境

RobovieMaker2可以在以下环境中运行。

- OS：Microsoft Windows 2000 / XP / Vista / 7 / 8 / 8.1 / 10
- CPU：Pentium Ⅲ版本以上（推荐 1 GHz 以上）
- RAM：128 MB 以上
- 屏幕尺寸：XGA 以上
- 接口：USB

10.1.2 RobovieMaker2 的安装

首先，请通过以下 URL 下载 RobovieMaker2 安装程序。

https://www.vstone.co.jp/products/robovie_i2/download.html

图 10.1 为所给地址的网页截图，按步骤点击即可完成下载安装操作。

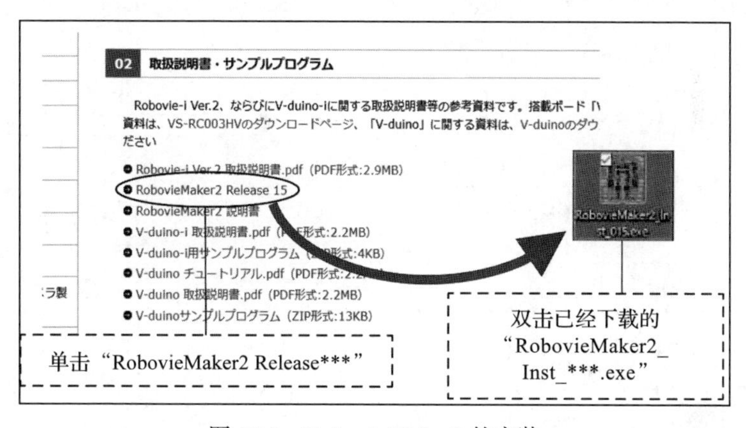

图 10.1　RobovieMaker2 的安装

接着，请双击下载的“RobovieMaker2_inst_***.exe”（*** 表示软件的版本号）。

双击“RobovieMaker2_inst_* **.exe”会出现如图 10.2a 所示的窗口。请按照图 10.2 中的说明进行安装。

至此完成安装工作。

10.1.3 CPU 板与 PC 的连接

接下来，将机器人的 CPU 板“VS-RC003HV”（以下简称 CPU 板）通过通信电缆连接到 PC 上，让 PC 识别 CPU 板（图 10.3）。

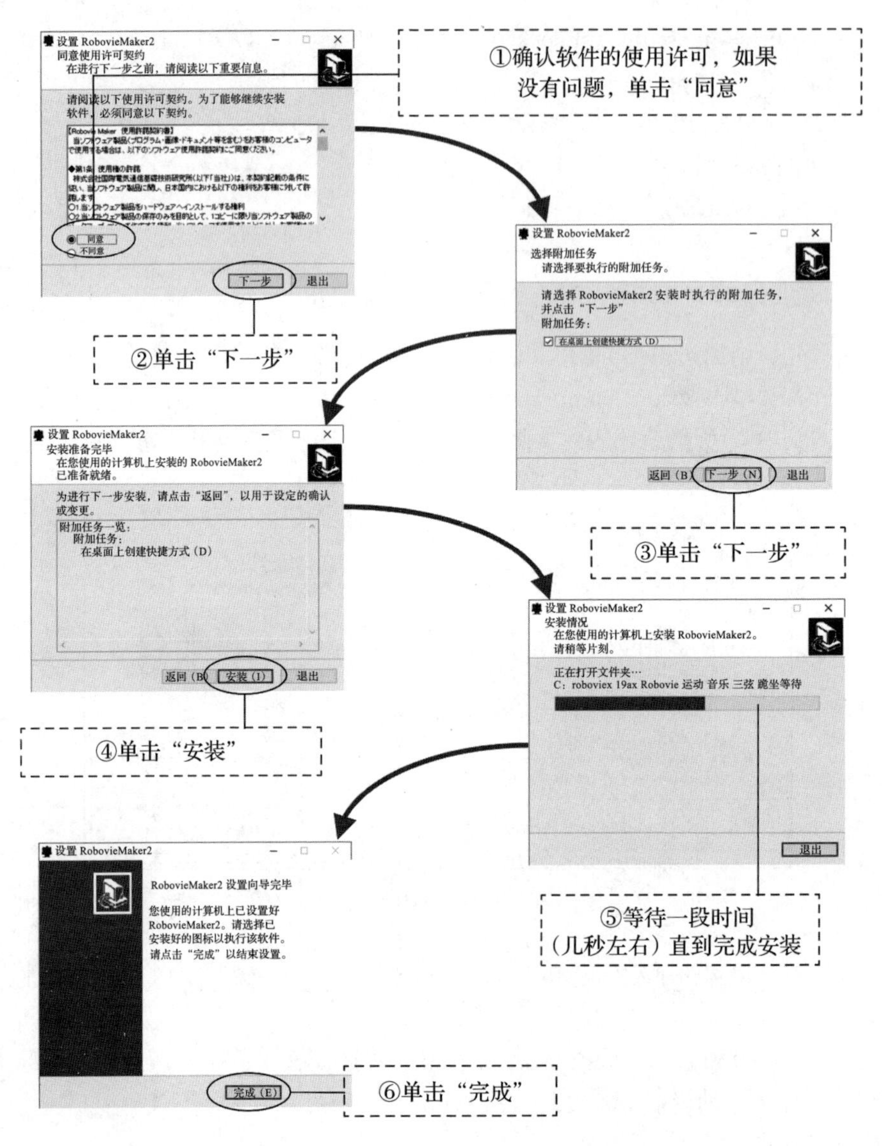

图 10.2　安装顺序

将 CPU 板连接到 PC 上，PC 就会自动识别 CPU 板。首次在 PC 上连接 CPU 板时，需要一些时间（十多秒左右）来识别。另外，首次在 PC 上连接 CPU 板的情况下，画面上会显示如图 10.4 所示的对话框。

一旦 PC 识别 CPU 板，在下一次连接时，不再显示上述对话框并在数秒内完成识别。当 PC 识别到 CPU 板时，PC 的扬声器发出 1～2 次提示音作为信号。

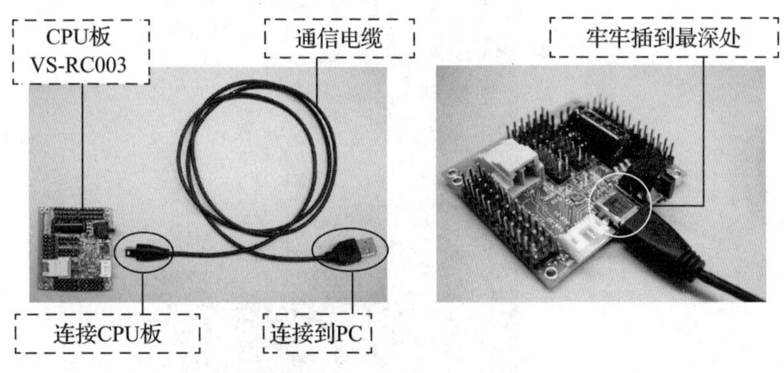

图 10.3　CPU 板的连接

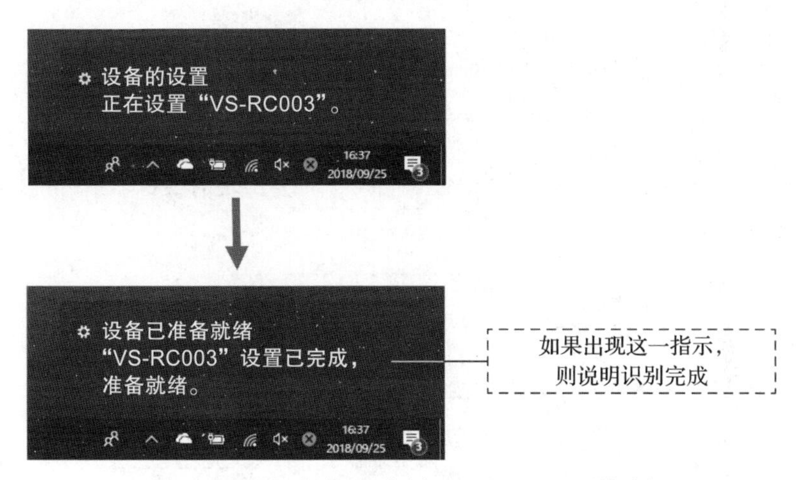

图 10.4　CPU 板的识别（在 Windows 10 环境中）

10.1.4　创建机器人项目

下一步，启动安装在 PC 上的 RobovieMaker2，做好从 PC 上启动机器人本体的准备。

启动 RobovieMaker2 时，请按照如图 10.5 所示的步骤进行。

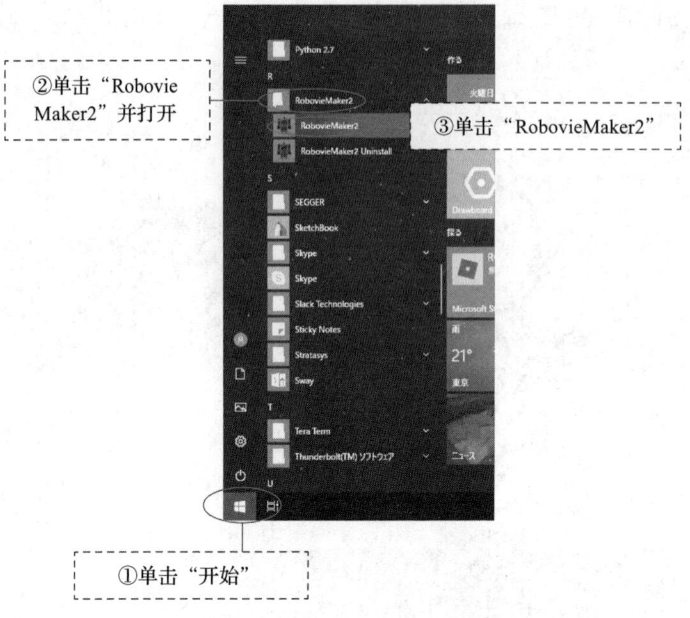

图 10.5　RobovieMaker2 的创建

初次启动 PC 上安装好的 RobovieMaker2 时会出现对话框。请分别按照如图 10.6 所示的顺序进行操作。

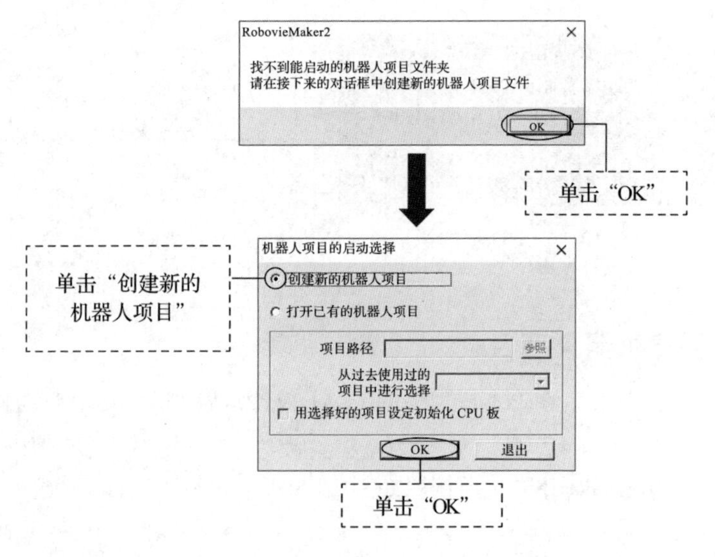

图 10.6　创建新的机器人项目

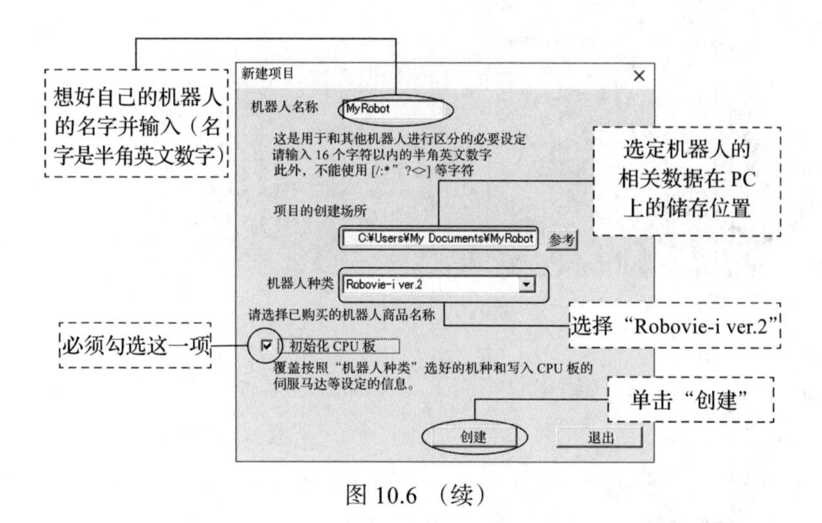

图 10.6 （续）

首次使用新的 CPU 板时，必须将 CPU 板初始化。请将 CPU 板连接到 PC 上，确认 PC 识别了 CPU 板后再继续进行如图 10.7 所示的操作。

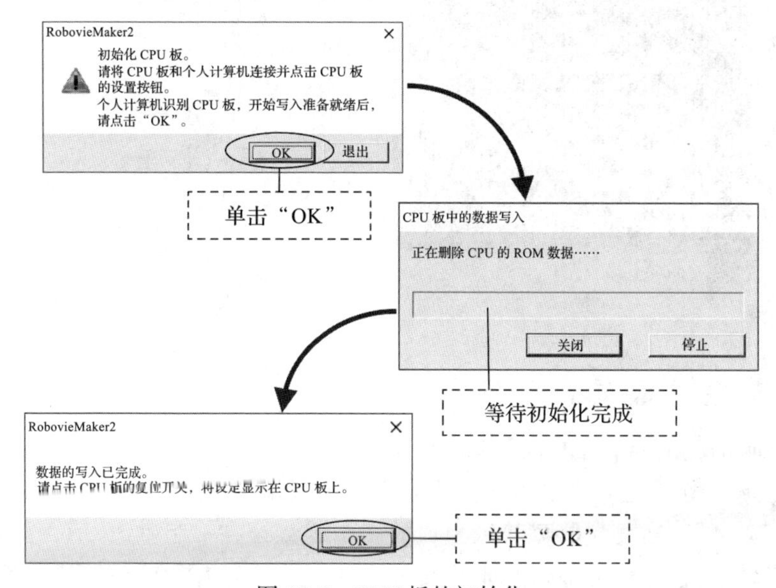

图 10.7　CPU 板的初始化

CPU 板初始化结束后，请务必按下 CPU 板的复位开关（如图 10.8 所示）。

图 10.8　复位开关

到这里 CPU 板的初始化就完成了。完成初始化后，如图 10.9 所示的窗口会自动打开。

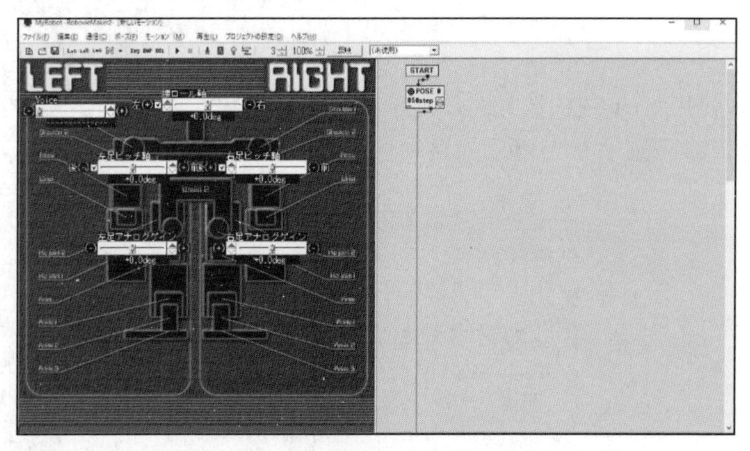

图 10.9　初始化完成后的窗口

10.1.5　基本操作

RobovieMaker2 的主屏幕如图 10.10 所示。

主屏幕分成左右两个部分，左侧是活动机器人的关节来制定特定姿势的“姿势区”，右侧是将姿势区生成的多个姿势排在一起生成一系列动作的“动作区”。另外，在窗口上部的菜单下方，有排列着各种功能按钮的“工具栏”。

姿势区的内容和工具栏按钮的配置根据设定而不同。本章中，在用 RobovieMaker2 创建新机器人项目时，以指定机器人种类为 Robovie-i Ver.2 的情况为基准进行说明。

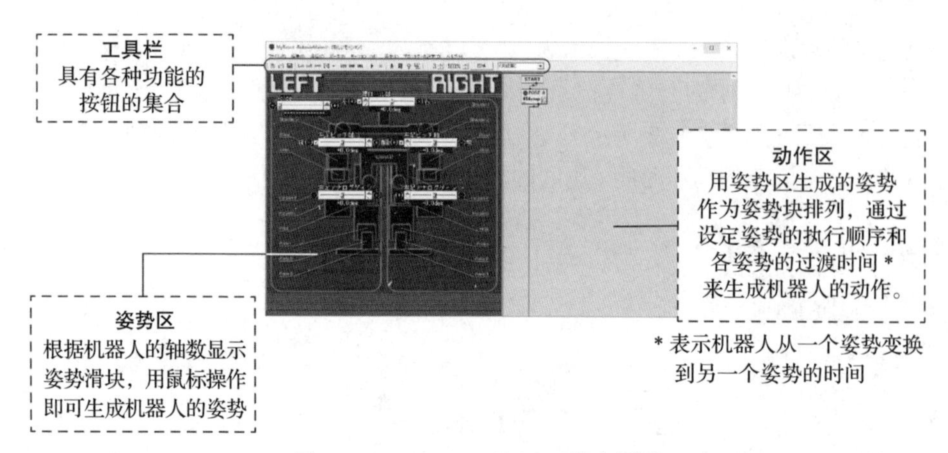

图 10.10　RobovieMaker2 的主屏幕

在姿势区中，显示了如图 10.11 所示的“姿势滑块”，对应于机器人的关节（电动机）和语音等功能。机器人的关节上也有一个对应的姿势滑块，由此开始进行关节的操作。

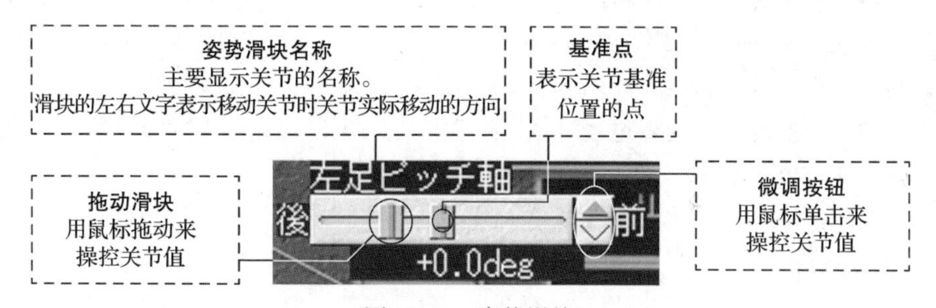

图 10.11　姿势滑块

姿势滑块用特定的数值表示关节的位置。数值在 -3000～3000 的范围内，在画面上如图 10.11 所示以角度单位表示。

姿势滑块配备了可以用滑块和微调按钮等鼠标操作的控制器，通过拖动滑块和单击微调按钮来设定姿势中关节的角度。另外，在姿势滑块中，存在作为各关节的基准位置的基准点。基准位置根据创建机器人项目时设定的机器人的种类预先设定。另外，在与机器人通信并接通伺服电动机电源的情况下，机器人的关节会随着滑块的操作而实际运动。另外，在与机器人通信的情况下，作为“目前关节的位置”，当前的机器人的内插值由姿势滑块上的拖动滑块表示（这只是根据 PC 的指示移动的每个关节的内插值，并不能表示实际的伺服电动机的角度)。

在姿势区生成的姿势被记录在动作区。在动作区中，每个姿势都会用姿势块来表示（如图10.12所示）。你可以通过设定好动作播放时的姿势顺序，以及表示各姿势的动作时间/速度的转变时间，来编辑动作。

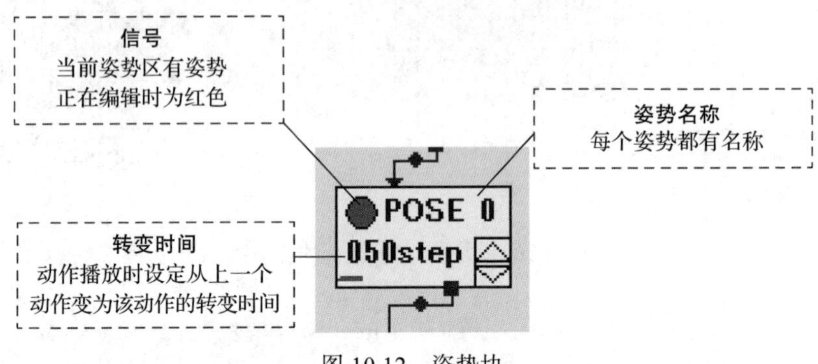

图10.12　姿势块

转变时间表示在动作播放时，机器人从前一个姿势转变到编辑中的姿势时所花费的时间。该数值越小，转变时间就越短，而且转换时间越短，机器人的动作也越快。转变时间用姿势块中数值显示的右侧的微调按钮来进行设定。如果转换时间设定得过短，就会发生外部的电动机无法跟随，机器人失去平衡容易摔倒等问题。

播放制作好的动作时，与机器人开始通信，单击工具栏的播放按钮（如图10.13所示）。

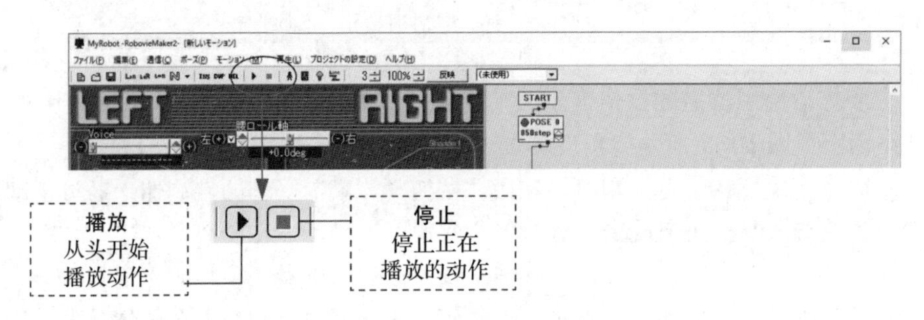

图10.13　播放/停止按钮

需要创建新的动作，读取保存的动作，以及将创建的动作保存到文件时，如图10.14所示，分别单击工具栏的新建按钮，打开按钮，覆盖保存按钮。

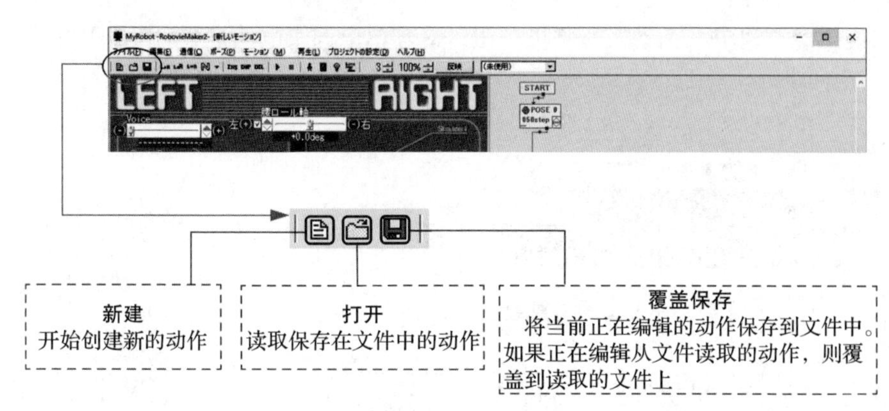

图 10.14 新建按钮、打开按钮和覆盖保存按钮

10.1.6 连接 CPU 板和伺服电动机并启动

接下来在 CPU 板上连接伺服电动机，试着制作简单的动作吧。首先，请参考图 10.15，将伺服电动机、电源、通信电缆连接到 CPU 板（图 10.15 为参考图像，伺服电动机和电源的种类可能与实际的不同）。

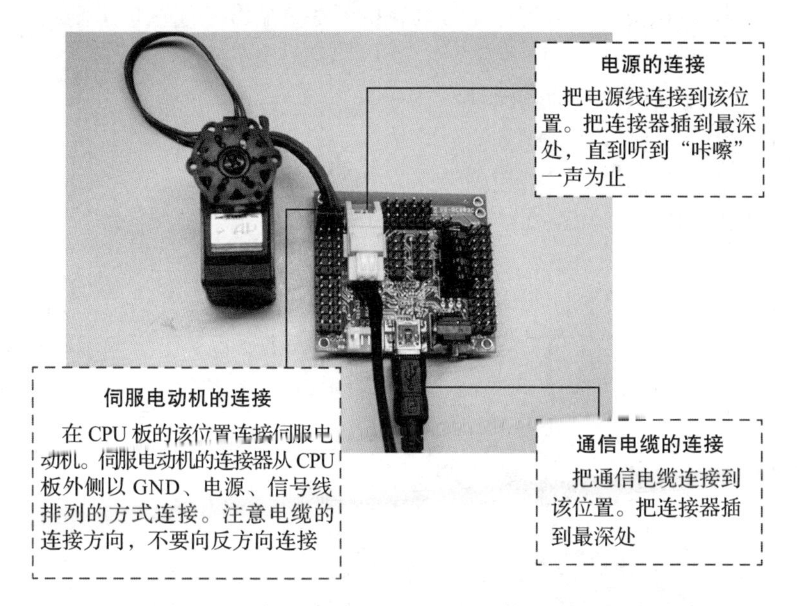

图 10.15 伺服电动机、电源、通信电缆的连接

请将通信电缆的另一头连接到 PC，启动 RobovieMaker2。启动 Robovie-

Maker2 后，请单击工具栏的联机按钮，接着单击伺服电动机开启 / 关闭按钮 (见图 10.16)。

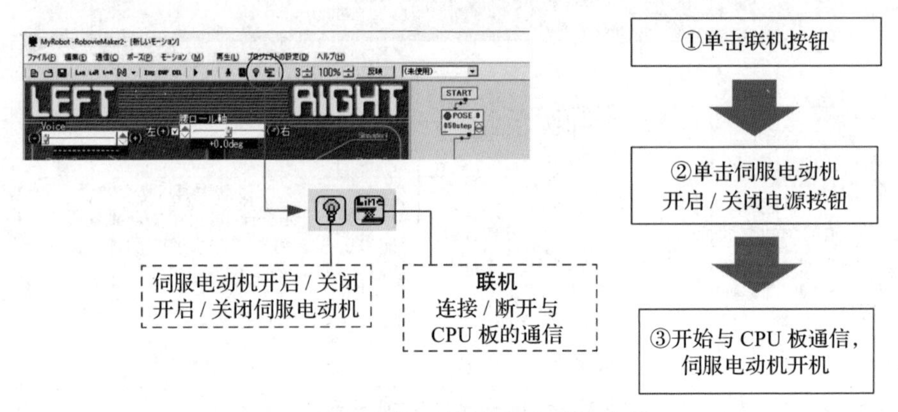

图 10.16 开启 / 关闭伺服电动机步骤

如果到目前为止的步骤都正确，那么连接在 CPU 板上的伺服电动机会变成开启状态，画面上的联机按钮和伺服电动机开启 / 关闭按钮会变成凹陷的状态。无法与 CPU 板通信，伺服电动机无法开启等不能正常运转的情况下，请确认以下事项。

- ❑ 是否把通信电缆插到深处？
- ❑ 是否把电源线插到深处？
- ❑ 电源提供的电力是否正确且充分？
- ❑ 连接伺服电动机电缆的方向是否正确？
- ❑ 连接伺服电动机电缆的位置是否正确？

接着，试着操作姿势滑块来移动伺服电动机（见图 10.17）。现在连接到 CPU 板的伺服电动机相当于左脚俯仰轴（pitch axis，也称为纵倾轴）的姿势滑块。试着操作左脚俯仰轴的滑块来移动伺服电动机。

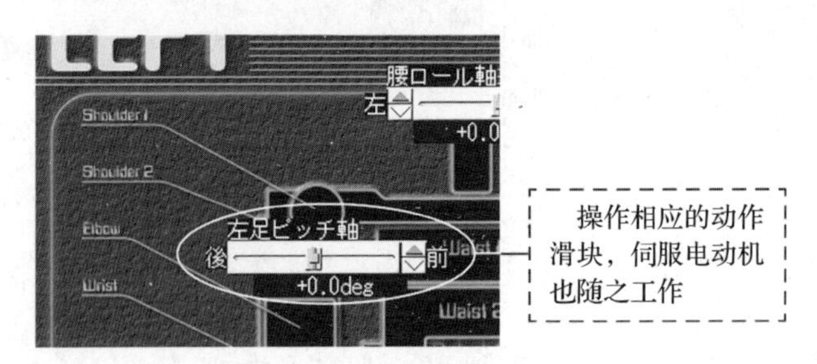

图 10.17 姿势滑块的操作

操作姿势滑块的方法主要有两种，一种是单击上下微调按钮，另一种是用鼠标拖动滑块（见图 10.18）。如果与 CPU 板通信，并在开启伺服电动机的状态下操作姿势滑块，那么实际上伺服电动机会配合画面上的操作而运动。

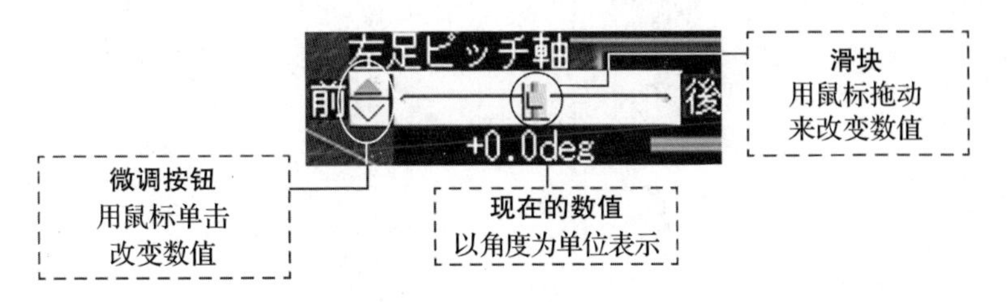

图 10.18　左脚俯仰轴的滑块

接下来，尝试记录多个姿势来制作动作。单击工具栏的复制按钮DUP，现在在姿势区编辑的姿势就会被复制，并被记录到动作区（见图 10.19）。

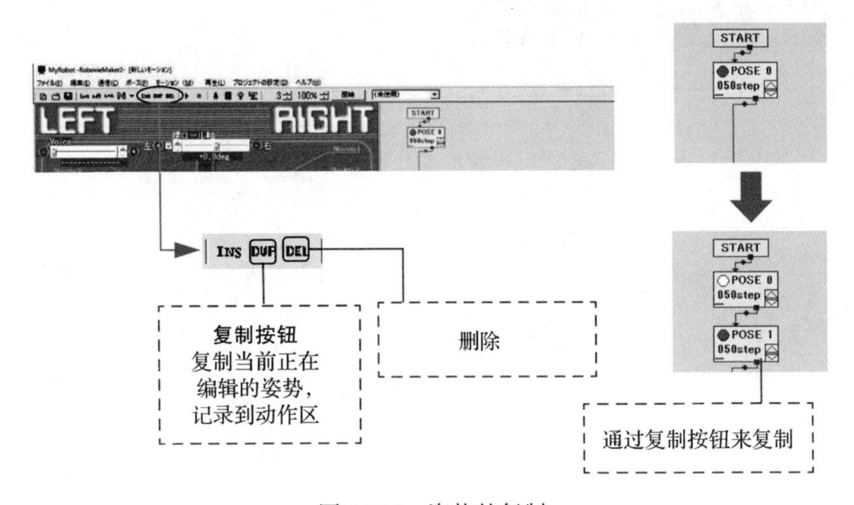

图 10.19　姿势的复制

在姿势区，只能同时编辑在动作区记录的一个姿势 。在姿势区选择要编辑的姿势时，请单击姿势块的信号（见图 10.20）。

那么，现在让我们来播放一下制作好的动作吧。单击工具栏的播放按钮▶后，从与开始块相连的姿势开始，按顺序播放动作（见图 10.21）。

通过微调按钮改变每个姿势的转换时间，可以使动作中的任意动作变快或变慢（见图 10.22）。

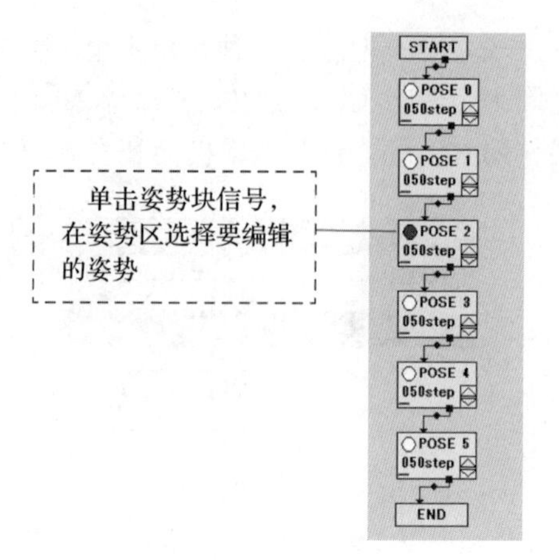

图 10.20 姿势块的信号

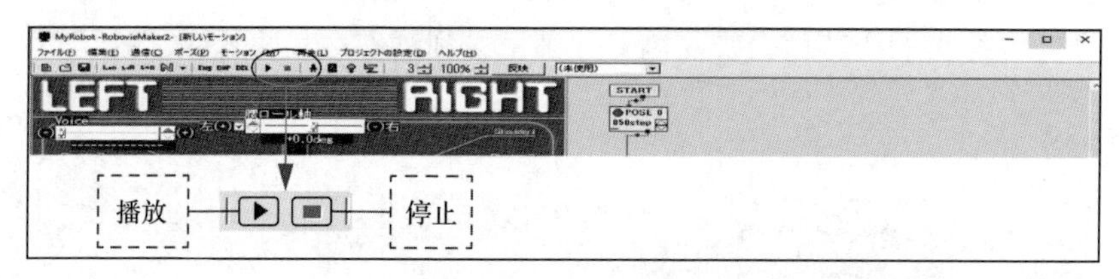

图 10.21 动作的播放

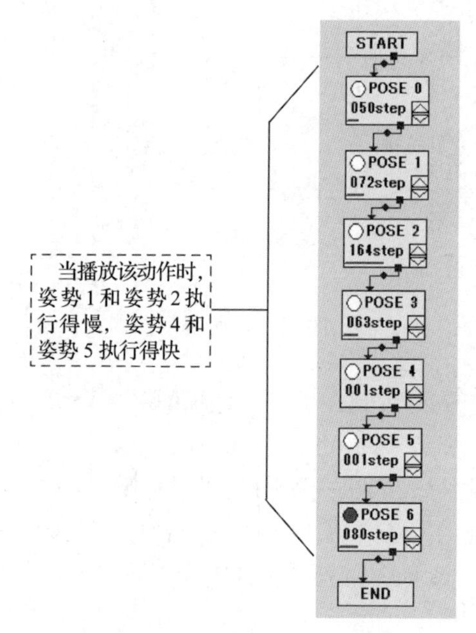

图 10.22 转换时间的改变

从上到下依次执行姿势，是因为箭头都与下一个姿势相连。这个箭头是表示动作执行时动作的执行顺序的“流程”，如果改变流程的连接方式，就会跳过中间的姿势，重复执行相同的姿势（见图 10.23）。

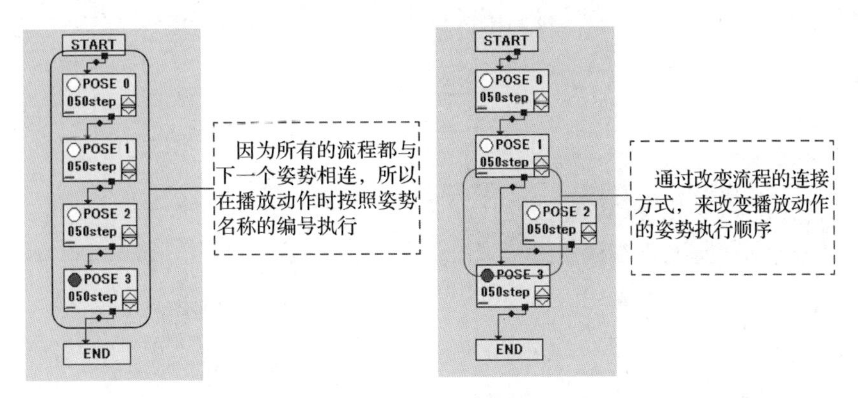

图 10.23　流程的设定

以重复同样的姿势来连接流程后，动作会一直重复播放直到你单击工具栏的停止按钮。这是因为流程缺少在某一处合适的位置跳出重复的信息。在任何情况下，如果想要跳出重复，就需要使用循环块，并在重复的过程中设定一个缺口。

像这样设定了正确的跳出缺口的重复结构被称为循环结构，永久重复动作的结构被称为无限循环（见图 10.24）。另外，无限循环在播放动作时会经常发生故障，所以请不要设定无限循环。

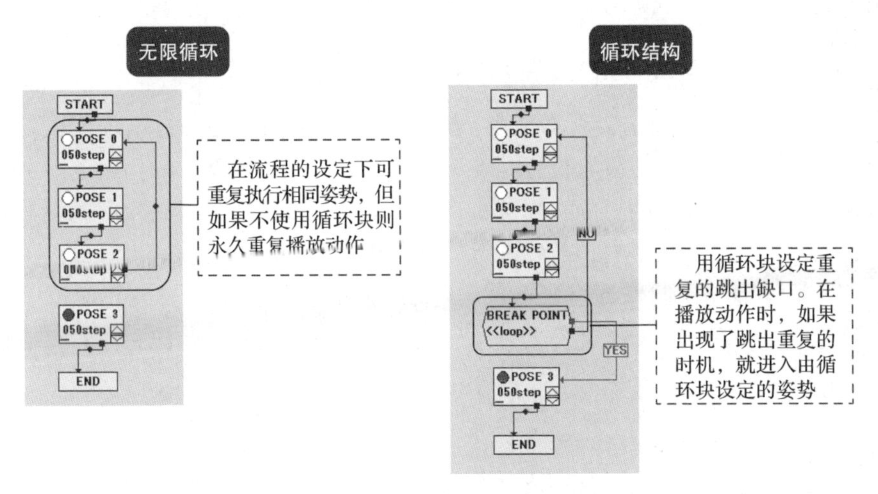

图 10.24　循环结构和无限循环

可根据编辑动作和控制器的操作等动作播放环境的不同来指定动作播放时所重复的次数。在编辑动作时，根据工具栏的循环次数来指定重复的次数（见图 10.25）。另外，请注意，循环次数是以“在动作播放时执行循环块的次数”来计数的。此外，如果将循环次数指定为 -1，则永久持续播放动作。

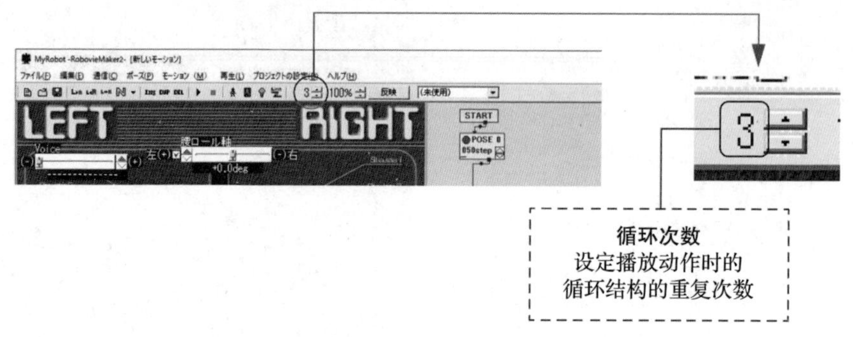

图 10.25　循环次数

10.2　制作动作的实践

本节以制作 Robovie-i Ver.2（由 Vstone 公司开发、制造、销售）的步行动作为例，来说明机器人的动作制作应该注意哪些方面。

另外，使用 RobovieMaker2 来制作机器人的动作。RobovieMaker2 的使用说明请参照上一节。

10.2.1　伺服电动机的位置校正

在制作动作之前，需要对机器人所使用的伺服电动机进行位置校正。一般来说，伺服电动机的齿轮位置存在个体差异，即使给同型号的伺服电动机发出相同的角度信号，两者的实际位置也会产生若干差异。为了消除由伺服电动机的个体差异带来的影响，需要进行伺服电动机的位置校正。

无须考虑动作制作即可进行伺服电动机的位置校正，位置校正时可以共享同类型的机器人的动作文件。另外，更换伺服电动机后，此前制作的运动文件也可以使用，无须变更。

10.2.2　基准姿势

在进行机器人动作制作和伺服电动机位置校正之前，请先理解 Robovie-

Maker2 的“基准姿势”的概念。基准姿势表示机器人的基本姿势，是制作动作和姿势时的基础姿势。基准姿势根据机器人的种类有所不同，但有一个共同点是像“注意”这样的姿势都设定为机器人稳定直立的状态。伺服电动机的位置校正是根据各伺服电动机相对于基准姿势的角度值实际偏离的程度而改变的。

基准姿势设定了机器人最稳定的姿势。Robovie-i Ver.2 的基准姿势的图片展示于 10.2.3 节。

10.2.3　伺服电动机的位置校正步骤

接下来，我们将介绍使用 RobovieMaker2 校正伺服电动机位置的具体步骤。首先，启动 RobovieMaker2，将电源和通信电缆连接到机器人上，从 Robovie Maker2 开始通信。请单击联机按钮来开始与机器人的通信（见图 10.26）。

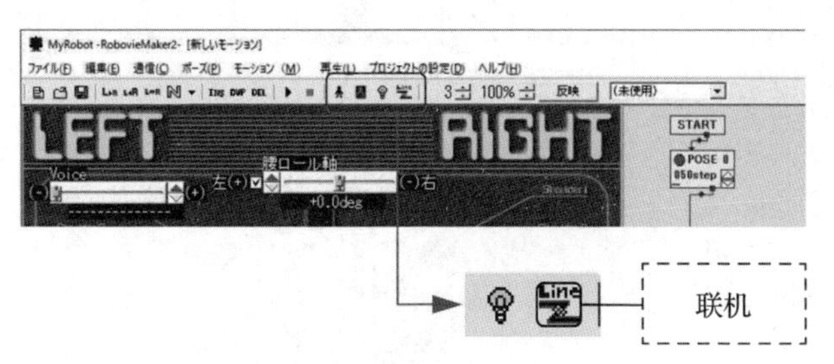

图 10.26　开始与机器人通信

接着，将机器人机身的电源开关打开，抓住其背部的手柄，使机器人处于抬起的状态（图 10.27）。

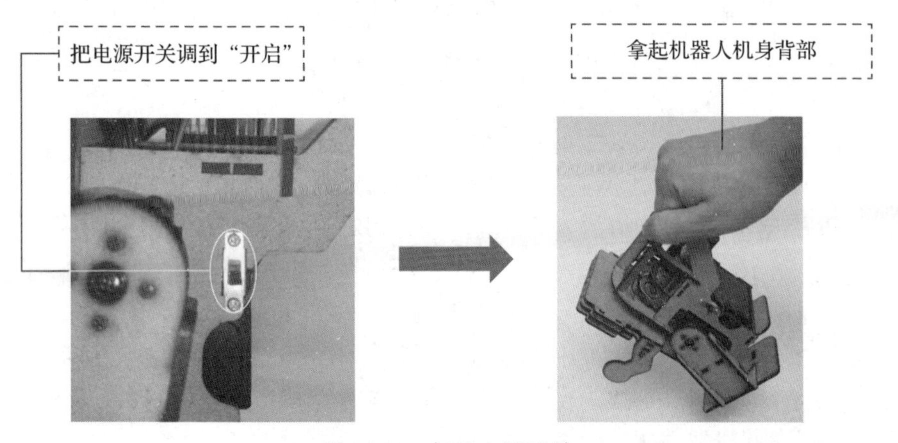

图 10.27　打开电源开关

接着，单击伺服电动机的开启 / 关闭按钮，启动伺服电动机（见图 10.28）。请注意，这时机器人可能会瞬间运行导致你“吓一跳”。

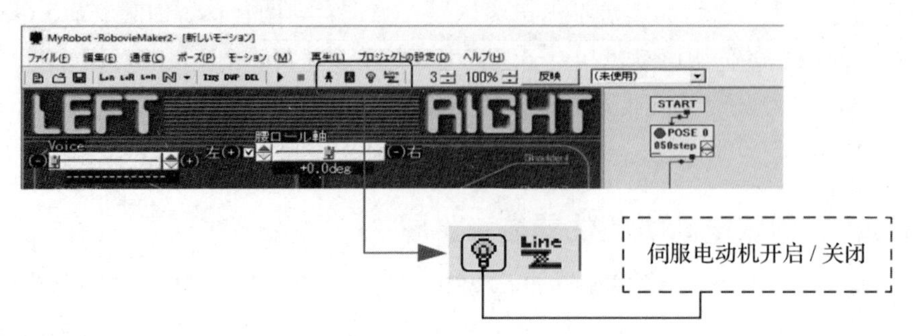

图 10.28　开启伺服电动机

开启机器人的伺服电动机后，机器人会以如图 10.29 所示的姿势固定住。这样下去基准姿势会偏离，无法进行正确的运动，所以必须对伺服电动机进行位置校正。

图 10.29　未进行伺服电动机位置校正的状态

机器人 Robovie-i Ver.2 的基准姿势如图 10.30 所示。

伺服电动机的位置校正是通过姿势滑块移动机器人的伺服电动机来进行的。用鼠标操作姿势区旁的姿势滑块，与之相对应的机器人的伺服电动机就会启动（见图 10.31）。参考图 10.30，通过姿势滑块操作伺服电动机，使机器人达到与基准姿势相同的姿势。

另外，在伺服电动机的位置校正工作中，存在手指夹进机器人关节或与周围物体碰撞而引发事故或故障的危险。工作时请一定要抓住机器人背部的手柄，单手拿起机器人。

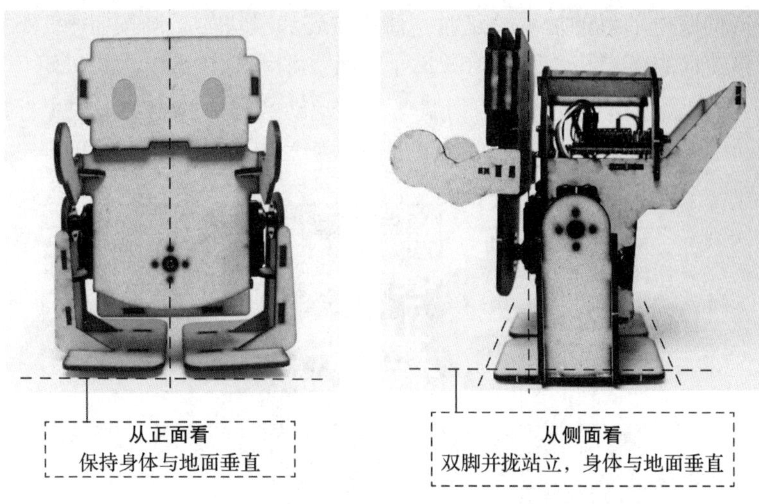

图 10.30 Robovie-i Ver.2 的基准姿势

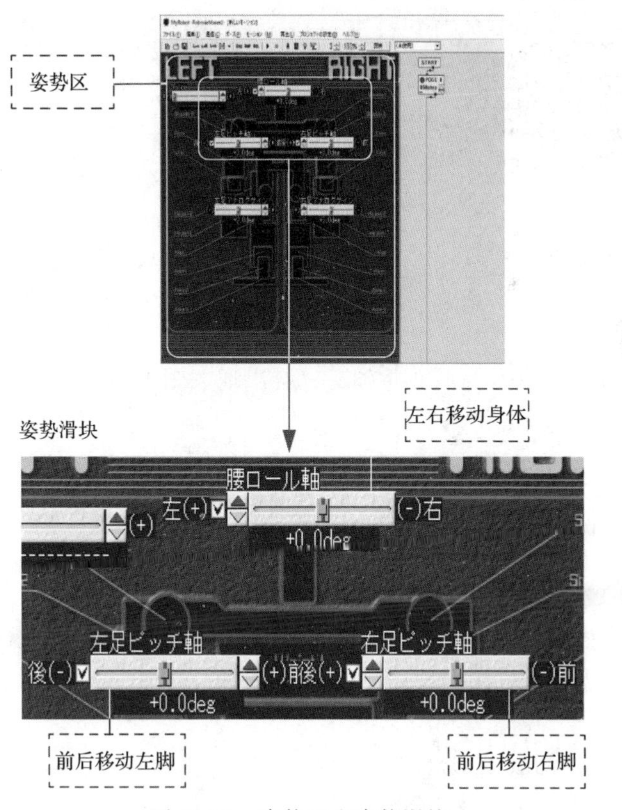

图 10.31 姿势区和姿势滑块

进行伺服电动机的位置校正时，请单击姿势滑块的微调按钮，不要一次就大幅移动伺服电动机（见图10.32）。另外，请充分注意电动机锁定（见本节“专栏”）。点击微调按钮时，伺服电动机运动的方向与姿势滑块上标的左右方向相同（从后面看机器人时的方向）。

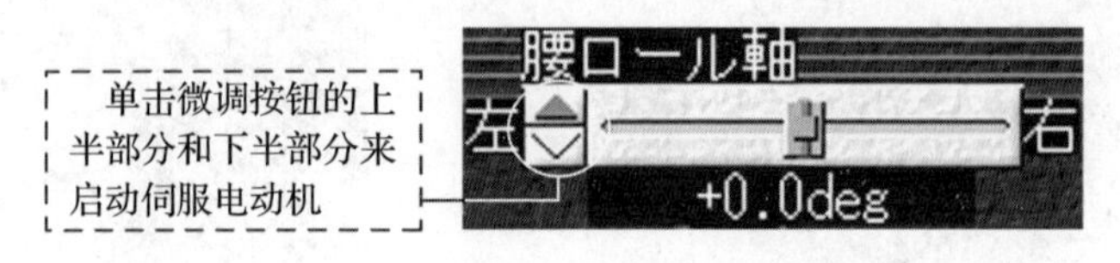

图10.32　伺服电动机的位置校正

将机器人的所有关节调整到与基准姿势相同的姿势后，请单击工具栏上的伺服电动机位置校正按钮（见图10.33）。

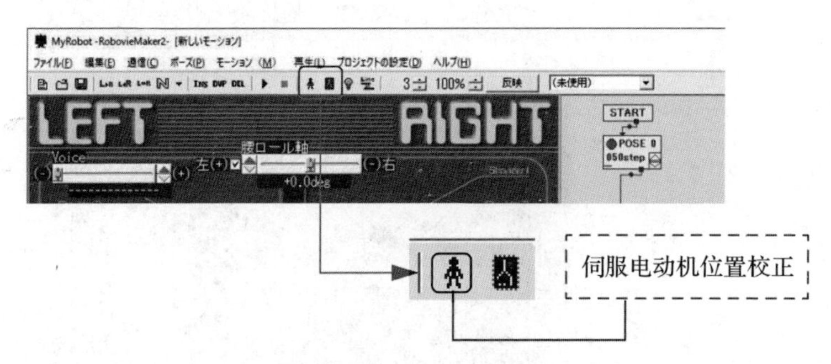

图10.33　伺服电动机位置校正按钮

单击伺服电动机位置校正按钮后，会出现如图10.34所示的对话框，请按照图中步骤进行操作。

通过到目前为止的操作，我们完成了伺服电动机的位置校正，并将该信息写入CPU板的RAM中。但是，如果重新启动CPU板将会丢失设定，所以我们将位置校正信息记录在CPU板的ROM中。

请单击工具栏的CPU板写入按钮（见图10.35）。

单击后会出现如图10.36所示的对话框，请按照指示进行操作。单击“执行写入”按钮，就会出现如图10.37所示的对话框。请按照说明顺序进行操作。

到这一步，伺服电动机的位置校正就完成了。另外，操作完成后为了在CPU板上反映出设定，请务必按下CPU板的复位开关。

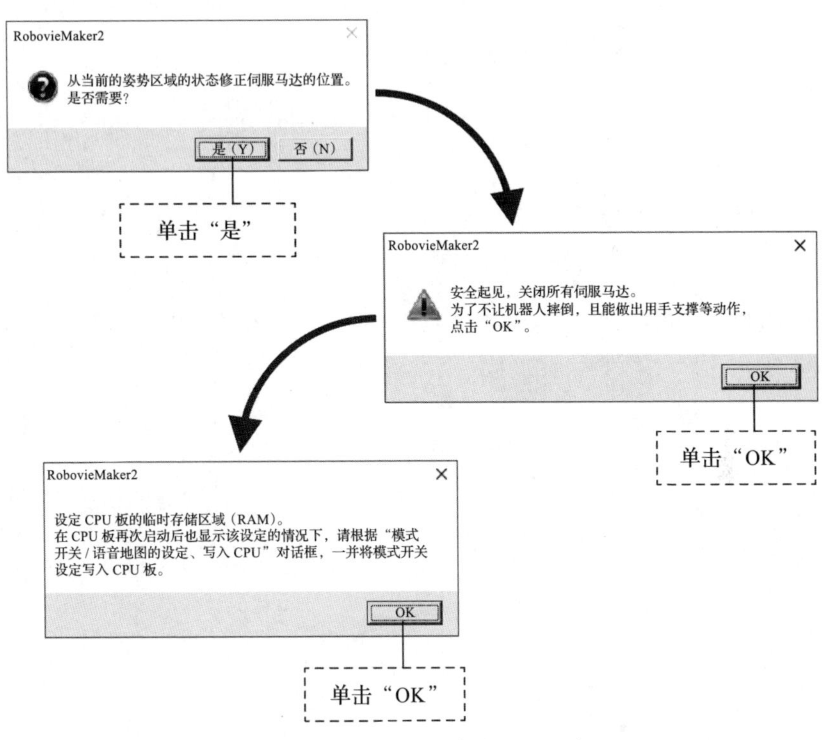

图 10.34　写入 CPU 板的 RAM 中

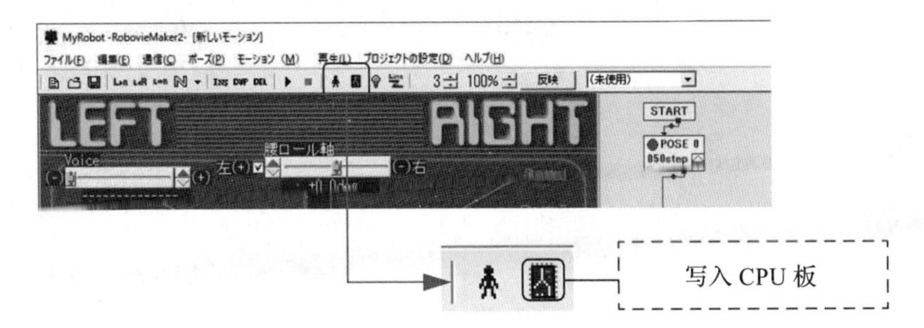

图 10.35　写入 CPU 板的按钮

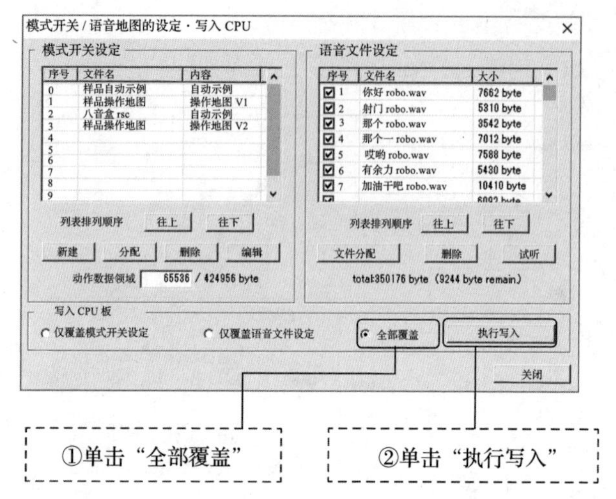

图 10.36　CPU 板 ROM 的写入

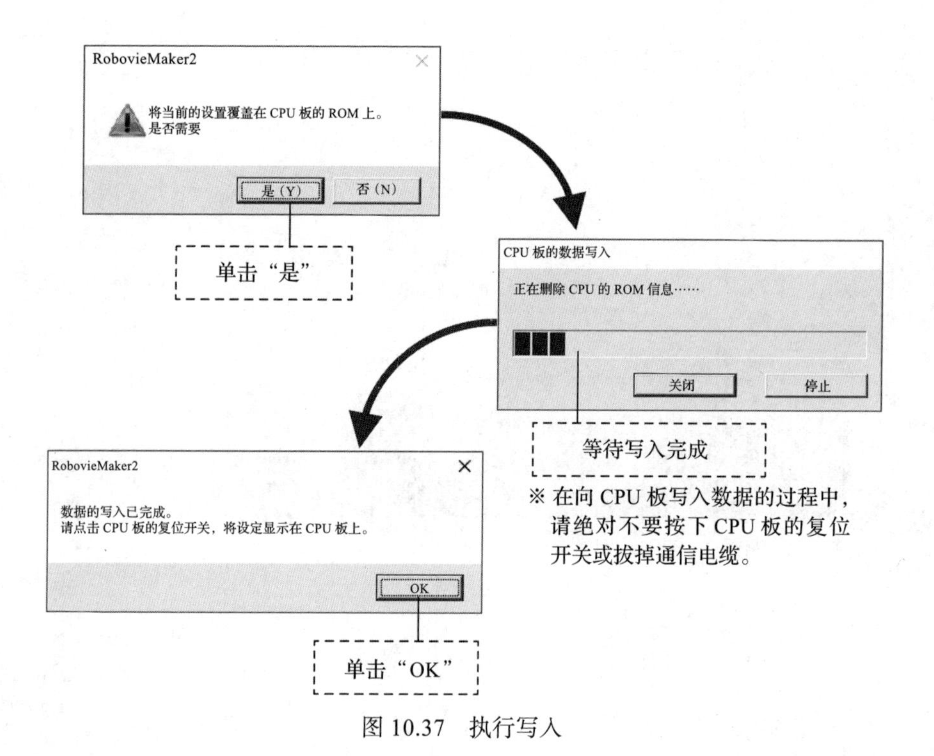

图 10.37　执行写入

专栏 关于电动机锁定

所谓电动机锁定是指伺服电动机受到很大的负荷，无法到达原本的指定角度的超负荷的状态。如果长时间持续这种状态，伺服电动机就会逐渐发热，最终伺服电动机内部会冒烟而发生故障。即使没有发生故障，电动机锁定也会对伺服电动机造成非常大的负担，缩短伺服电动机自身的寿命。

引起电动机锁定的原因有机器人身体之间的干扰（动作中手脚缠绕或被身体卡住）、长时间保持单脚站立等特定的将负荷集中在伺服电动机的姿势等。如果伺服电动机引发了电动机锁定，其振动和电动机声音就会变大。启动伺服电动机时，如果发现有上述现象，可以用手触摸相应的伺服电动机，确认温度。如果温度变高，就切断机器人电源，让伺服电动机休息到冷却为止。

10.2.4 步行动作的制作

接下来我们进入到步行动作的制作。步行动作大致分为静态步行和动态步行两种。静态步行一般把重心放在脚底，确保在稳定状态下行走。静态步行的稳定性非常高，动作的制作也很简单，不过不能走得太快。相对地，动态步行不把重心放在脚底，而是利用上体的倾倒力量行走。与静态步行相比动态步行的速度很快，但为了确保动作的稳定性，会实时计算脚的交会，用各种传感器进行反馈控制，因此需要很高的技术。在此，我们对制作简单的静态步行进行说明。

开始制作新动作时，请单击工具栏的新建按钮（见图 10.38），这时会存在一个基准姿势。然后单击工具栏的复制按钮DUP，复制基准姿势，创建第 2 个姿势。在制作动作时，第 1 个姿势保持基准姿势不变，从第 2 个姿势开始制作实际动作。另外，动作的最后一定要回到基准姿势。像这样将动作数据的最初和最后作为基准姿势，就能减少动作的制作麻烦。

首先，试着从基准姿势开始制作迈出第 1 步的动作。其次，作为第 2 个姿势，制作将机器人的重心放在一只脚上的动作（见图 10.39）。请从姿势区移动腰部纵轴（roll axis，也称为横滚轴）的姿势滑块，使身体向右侧倾斜约 60°。于是，以右脚脚掌为支点，机器人的身体向右侧倾斜，重心落在右脚上。在这种状态下，机器人的左脚脚掌离开地面，单脚站立。

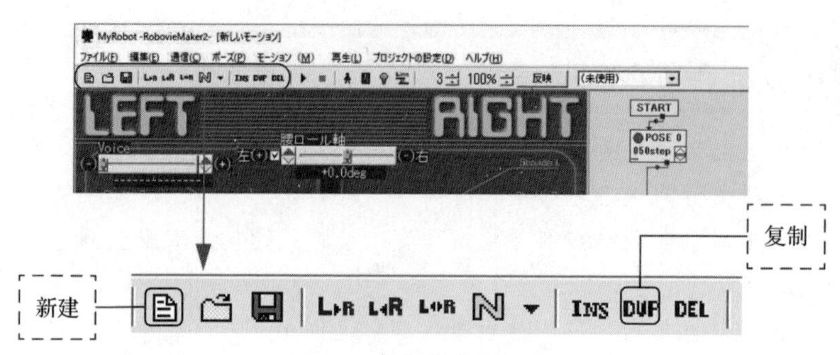

图 10.38　新动作的制作

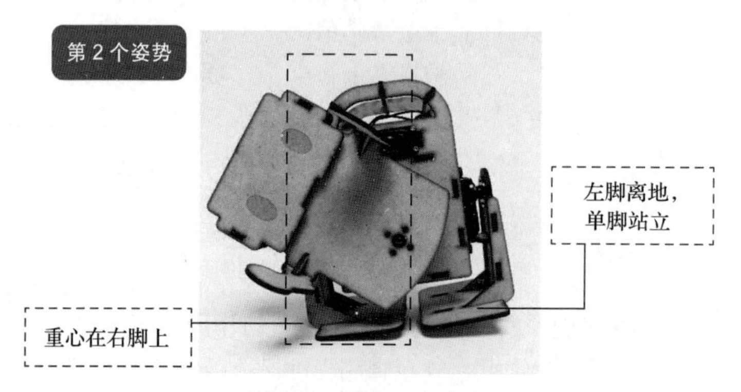

图 10.39　第 2 个姿势

制作好这个姿势后，按下工具栏的复制按钮DUP，进入第 3 个姿势的编辑。将离开地面的脚向前迈出约 7° 作为第 3 个姿势来制作动作（见图 10.40）。请通过姿势滑块操作“左脚俯仰轴”，向前移动左脚。

图 10.40　第 3 个姿势

制作好第 3 个姿势后，和刚才一样，按下工具栏的复制按钮DUP，进入下一个姿势的编辑。第 4 个动作是将迈出的脚放回地面，然后将重心转移到左脚上（见图 10.41）。从姿势区移动腰部纵轴，像左右翻转第 2 个姿势一样，将躯干向左倾斜约 60°。然后，将左脚放下，重心一下子转移到左脚脚掌。

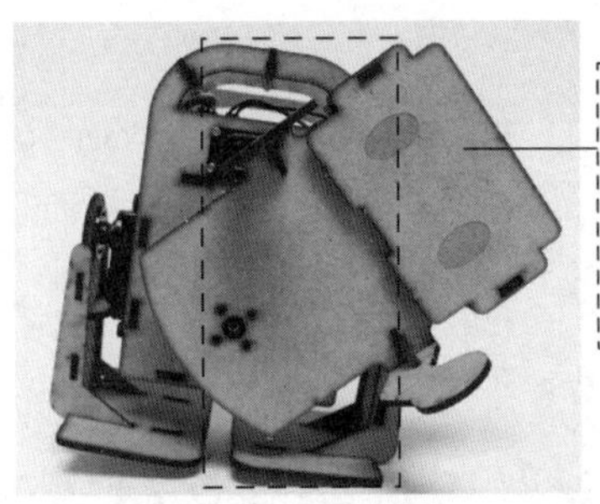

图 10.41　第 4 个姿势

至此，我们完成了由基准姿势到迈出第一步的动作。然后，我们需要实际上播放动作来确认这里制作的动作是否正确。单击工具栏的播放按钮来播放动作，确认是否从基准姿势迈出了左脚一步。这时如果出现以下问题，请按照说明的处理方式来调整动作。

- ❑ 左脚接触地面后身体旋转
  - ❍ 迈出左脚时步幅过大。请试着缩小步幅。
- ❑ 迈出脚的时候身体向左倾斜
  - ❍ 重心没有完全放到右脚脚掌上。请尝试稍微将身体向右侧倾斜，试着缩短身体向右侧倾斜时的过渡时间等对策。

接下来制作从一只脚向前伸出的状态变为迈出另一只脚的动作。按下工具栏的复制按钮DUP，进入下一个姿势的编辑，制作左脚离开地面向前迈出的动作（见图 10.42）。将第 3 个姿势左右翻转，活动全身关节。

图 10.42　第 5 个姿势

按下工具栏的复制按钮，进入下一个姿势的编辑，做出将迈出的脚放在地面，并将重心移到另一侧脚底的动作（见图 10.43）。腰部纵轴向右侧倾斜约60°，使其变的第 4 个姿势的左右翻转状态。这样，右脚踩下去的同时，重心转移到右脚。

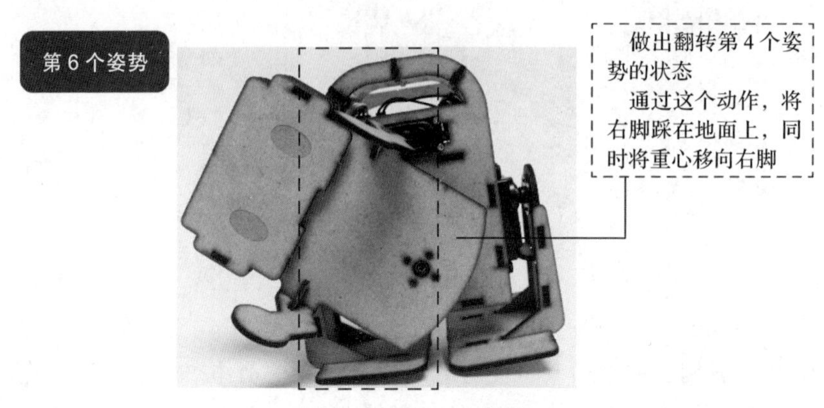

图 10.43　第 6 个姿势

之后重复进行第 3～6 个姿势，机器人就可以连续步行了。接着，完成从步行状态返回基准姿势的动作。

从步行中恢复到基准姿势的动作需要将第 4 个姿势和第 6 个姿势依次连接。此处制作从第 6 个姿势开始连接的动作（见图 10.44）。按下工具栏的复制按钮DUP进入下一个姿势的编辑，请将双脚的俯仰轴对准基准点。

完成第 7 个姿势的制作后，按下工具栏的复制按钮DUP，进入下一个姿势的编辑，将腰部纵轴对准基准点，使机器人恢复到基准姿势（见图 10.45）。这样一来，中断步行返回基准点的动作就完成了。

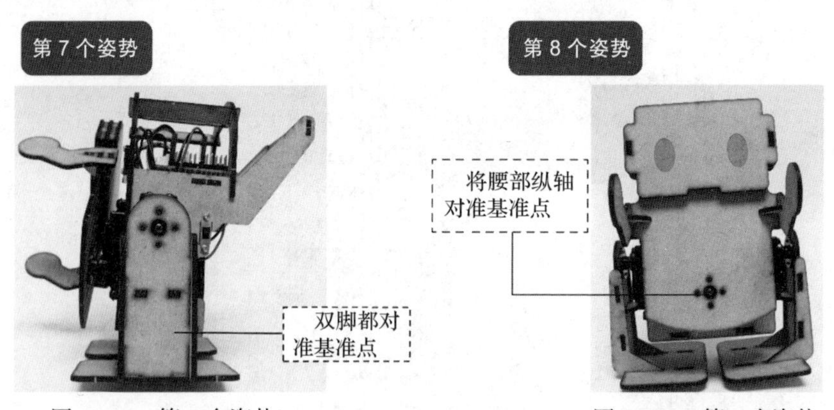

图 10.44　第 7 个姿势

图 10.45　第 8 个姿势

以上所有的姿势制作完成后，请再次播放动作，确认动作是否有问题。

10.2.5 步行动作中的姿势的执行顺序

通过到目前为止的操作，步行所需的姿势制作完成了。那么，让我们来尝试将流程和循环块连接到做好的姿势上并建立循环结构，制作“按照指定的循环次数步行，最后回到基准姿势”的动作。关于流程、循环块和循环结构的知识，见 10.1 节。

步行动作，可分为从“基准姿势迈出 1 步”“轮流迈出双脚步行”“从右脚前伸的状态返回基准姿势”“从左脚前伸的状态返回基准姿势”的 4 种不同种类的动作，并由这些动作来构成整个步行动作。步行动作的流程是，在迈出第一步的动作后，重复进行迈出左右脚步行的动作，到达指定的循环次数后，以此时迈出的脚为轴进行返回基准姿势的动作。

流程如图 10.46 所示。请参考该流程图，在刚才制作的步行动作中加入循环结构来完成整个动作。另外，当制作步行动作时，可通过调整转变时间来改变步行速度，或者进行向后走和转弯步行等新的动作制作。

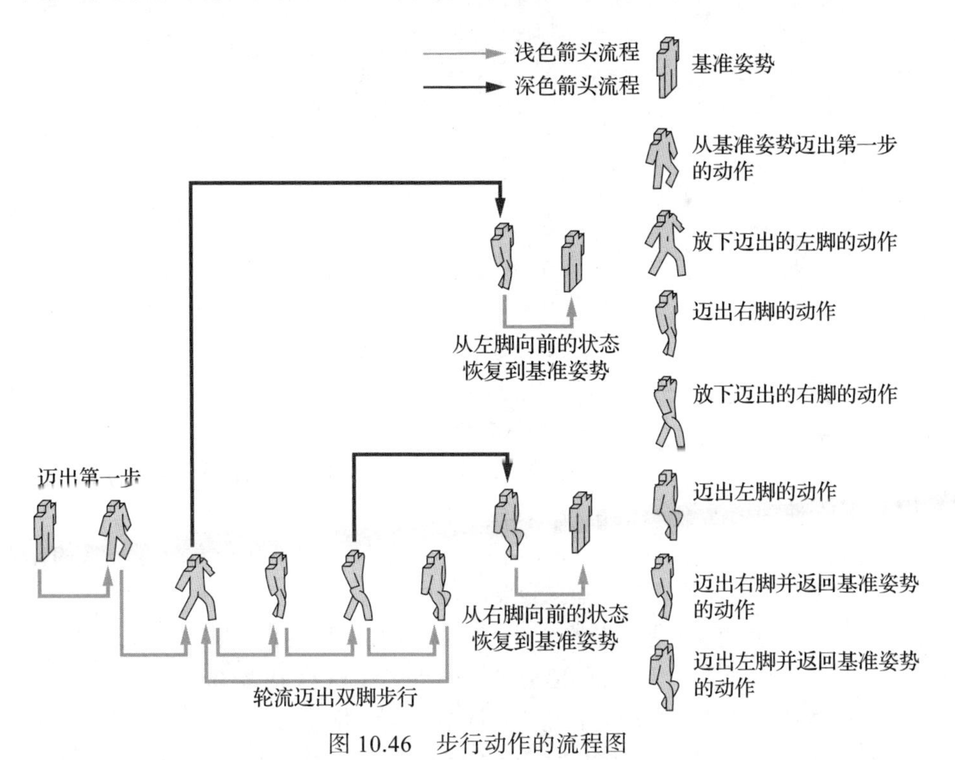

图 10.46 步行动作的流程图

10.3　铝加工

10.3.1　材料

1. 铝

在 DIY 商店可以购买到的铝板是纯铝。虽然纯铝比较软，容易加工，但强度会降低。

适合用于机器人框架的制作的是含有镁的中强度 A5052 材质的铝板。虽然有各种厚度，但如果以手工加工为前提，那么 1～1.5 mm 的厚度比较合适。10.3.3 节中的图样（pattern）为 1.0mm 厚的铝板专用图样。

2. 螺钉

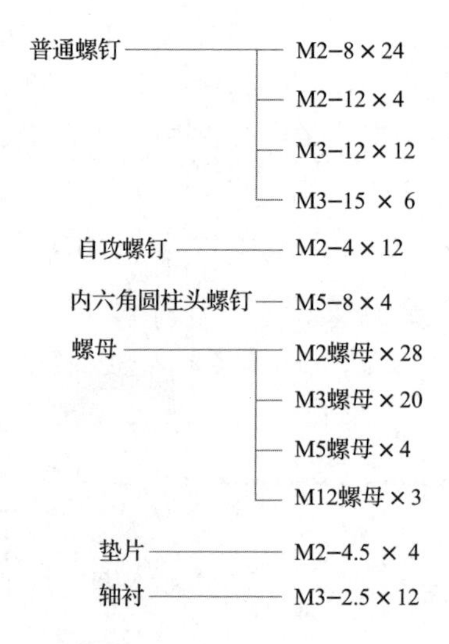

10.3.2　工具

- **手动切割器**：一点点切割铝板的工具。如果预算充足，可以购买带锯机等电动切割工具，提高工作效率。
- **中心冲 / 锤子**：用于确定钻孔的中心点。另外，在修复弯曲的零件时会使用到锤子。
- **电钻**：在铝上钻孔的工具。虽然价格低廉，但不适合高精度要求的作业。如果预算充足，请尽量购买钻床。
- **手铰刀**：用电钻钻出的孔是 ϕ2～ϕ4mm。要想钻出比这个更大的孔，就要使用手铰刀。我们需要使用能将 ϕ3mm 变成 ϕ10mm 的手铰刀。
- **锉刀**：用于铲掉金属毛刺（材料端面产生的锐角、不需要的突起）。需要半圆形的锉刀。打孔时产生的毛刺，可以用比孔粗的钻头去除。

- **带贴纸的印刷纸**：在 OA（办公自动化）用的带贴纸的印刷纸上复制钣金图样（或图纸）。把它贴在铝板上使用。
- **打火机油（zippo oil）**：用于从铝板上揭下带贴纸的印刷纸。
- **老虎钳**：用于铝板的固定和弯曲加工。根据台虎钳的种类不同，有的夹面会有凹凸。如果直接用来夹在铝部件上会出现损伤，所以请使用夹面为水平的台虎钳。此次加工需要最大深度为 67mm 的台虎钳。
- **四棱木材**：用于弯曲铝板。
- **螺丝刀**：M2 的螺钉用 1 号螺丝刀组装，M3 的螺钉用 2 号螺丝刀组装。
- **内六角扳手**：用于固定内六角圆柱头螺钉。用到的是 4mm 的内六角扳手。

10.3.3　铝的钣金作业工序

1. 图样的印刷

将图样复制到背面有贴纸的印刷纸上，如图 10.47 所示。

2. 图样的切割

根据轮廓剪下贴纸，如图 10.48 所示。

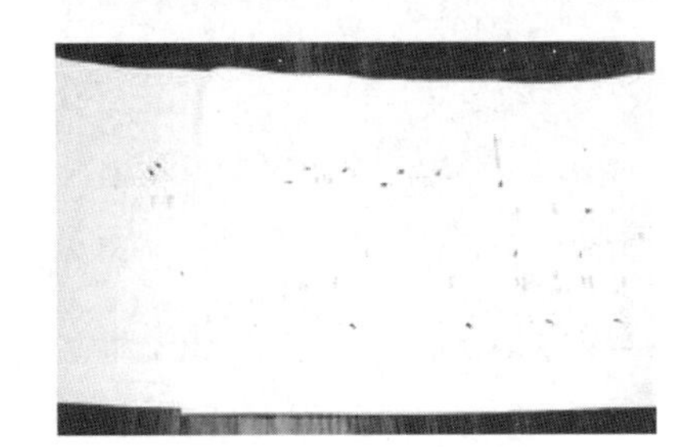

图 10.47　图样的印刷

图 10.48　图样的切割

3. 图样的粘贴

揭下背面的贴纸，仔细地贴在铝板上。有效利用切割后剩余的铝板的直角，减少手动切割器的使用次数，如图 10.49 所示。

4. 冲孔

用电钻进行钻孔时，为了确定最初的位置，在钻孔的位置冲压中心孔，如图 10.50 所示。因为钻孔的精度是确定的，所以要慎重地冲压中心。

5. 钻孔

用电钻进行钻孔。注意不要压得太紧而折断电钻。

钻孔的位置稍有偏差，就会拧不上螺钉。为了考虑孔位置的误差，螺钉孔（写着 M2 和 M3 的孔）之外的孔要稍微大一些，如图 10.51 所示。

图 10.49　图样的粘贴

图 10.50　冲孔

一边用 10.3.4 节的尺寸数据确认孔的位置一边开孔。电钻的孔容易错位，所以 $\phi 2.0$ 的地方用 $\phi 2.2$ 左右的孔径比较好。对加工精度有自信的人保持孔径为 $\phi 2.0$ 也没关系。另外，弯曲加工辅助线上的 $\phi 2$ 的孔不必设为 $\phi 2.2$。

6. 切割

使用手动切割器来切割铝板。为了利用切下的剩余的铝板，不要根据角斜切，而是切成长方形后再去掉角，如图 10.52 所示。

图 10.51　钻孔

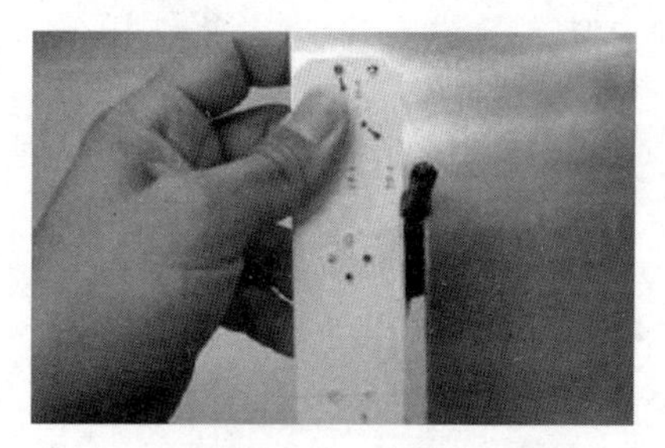

图 10.52　切割

按照 3～6 的要领，切出所有的部分。

7. 纠正弯曲部分

因为如果用手动切割器切割，那么铝板会弯曲，所以需要在平整的地方用锤子敲打修正，如图 10.53 所示。

8. 去除孔周围的毛刺

因为在钻孔的地方有毛刺产生，所以使用比孔径大的钻头（见图 10.54），进行毛刺的去除。

用手触摸，确认没有毛刺倒钩的地方。贴着图样的那一面也同样需要去除毛刺。

9. 去除切割面的毛刺

因为铝板的切口会有毛刺，所以用锉刀将毛刺去除，如图 10.55 所示。

用手触摸，直到没有毛刺倒钩为止，请仔细地去除毛刺。

图 10.53　纠正弯曲部分

图 10.54　去除孔周围的毛刺

10. 去除切割面的毛刺 (角部分)

角部分的毛刺需要用锉刀，斜着认真地挑掉，如图 10.56 所示。

图 10.55　去除切割面的毛刺

图 10.56　去除切割面的毛刺（角上）

11. 弯曲的准备

将切割后的铝板上写有 vise 字样的部分用台虎钳夹紧，沿着图样的弯曲线进行组合，如图 10.57 所示。

12. 弯曲①

将四棱木材放在铝部件和台虎钳水平的部分上（见图 10.58），以弯曲线为中心轴转动四棱木材至弯曲。无论哪个部件，弯曲的方向都要在图样弯曲部分的凸起一侧。

在图样的 vise 后面写有数字的情况下，按数字的顺序进行弯曲。根据台虎钳的形状，需要在台虎钳的一端夹住铝部件。

图 10.57　弯曲的准备

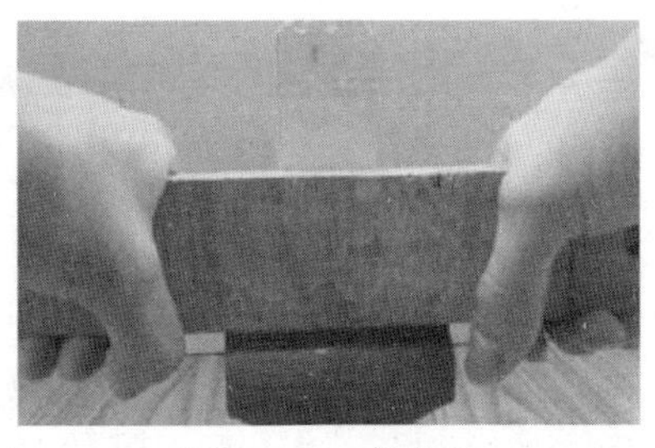

图 10.58　弯曲①

13. 弯曲②

弯曲到90°难以弯曲的情况下需要用锤子等敲打至弯曲，如图10.59所示。

14. 补充 ϕ10以上的钻孔①

进行 ϕ10以上的钻孔，需要在中心打上 ϕ3.0的孔，并用手铰刀扩大，如图10.60所示。

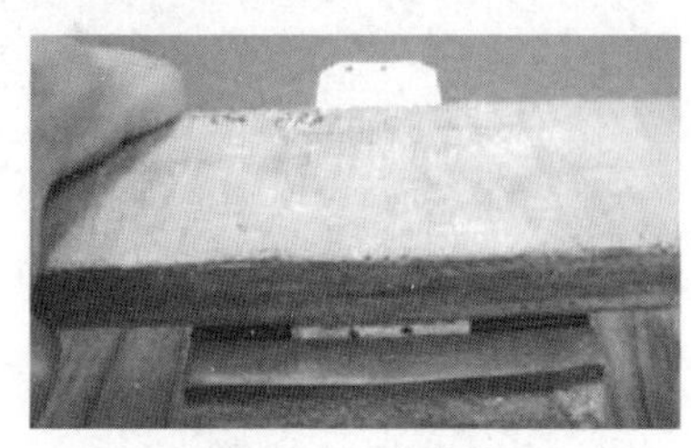

图10.59　弯曲②

图10.60　补充 ϕ10以上的钻孔①

15. 补充 ϕ10以上的钻孔②

用半圆形的锉刀，去除孔周围的毛刺，如图10.61所示。

16. 补充 ϕ10以上的钻孔③

孔的位置从中心偏移时，用半圆形的锉刀调整形状，如图10.62所示。

图10.61　补充 ϕ10以上的钻孔②

图10.62　补充 ϕ10以上的钻孔③

所有的零件，按照7～16的要领进行加工。

17. 揭下图样

揭下图样。如果图样不容易剥落，可以用热水或打火机油涂满它，然后再试着揭下来，如图10.63所示。

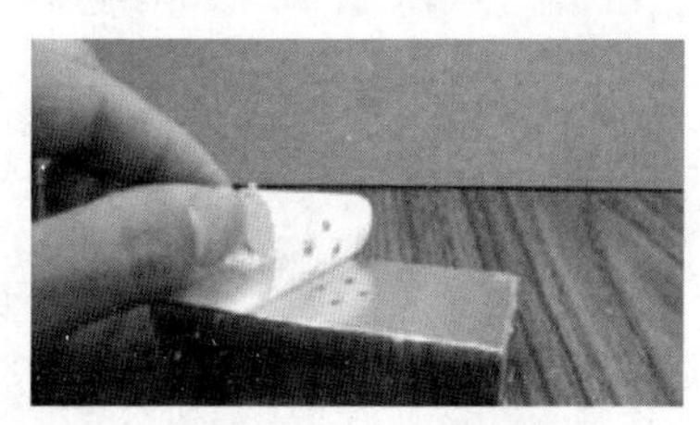

图10.63　揭下图样

在图 10.64 至图 10.77 中，展示了图样和尺寸数据。

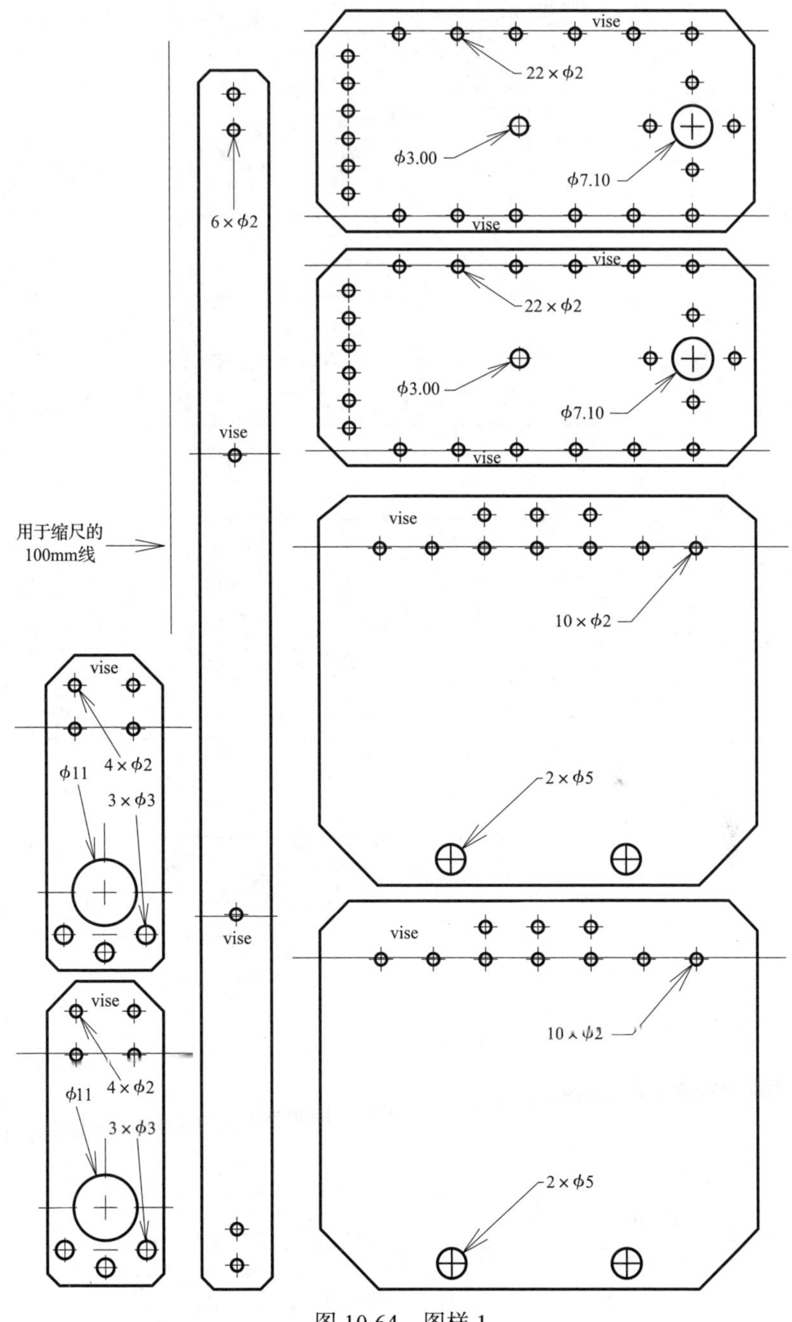

图 10.64 图样 1

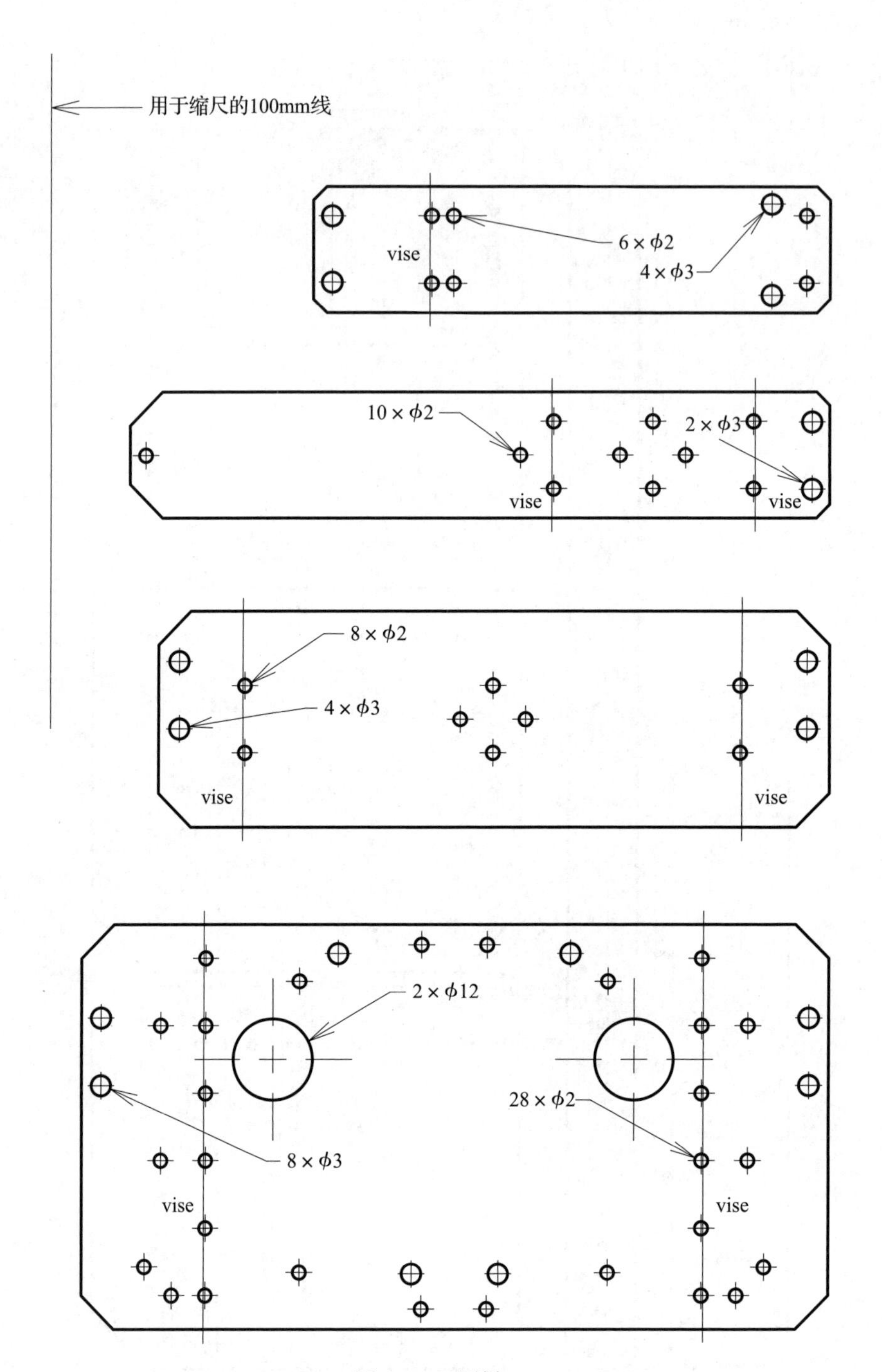
用于缩尺的100mm线
6 × ϕ2
vise
4 × ϕ3
10 × ϕ2
2 × ϕ3
vise
vise
8 × ϕ2
4 × ϕ3
vise
vise
2 × ϕ12
28 × ϕ2
8 × ϕ3
vise
vise

图 10.65　图样 2

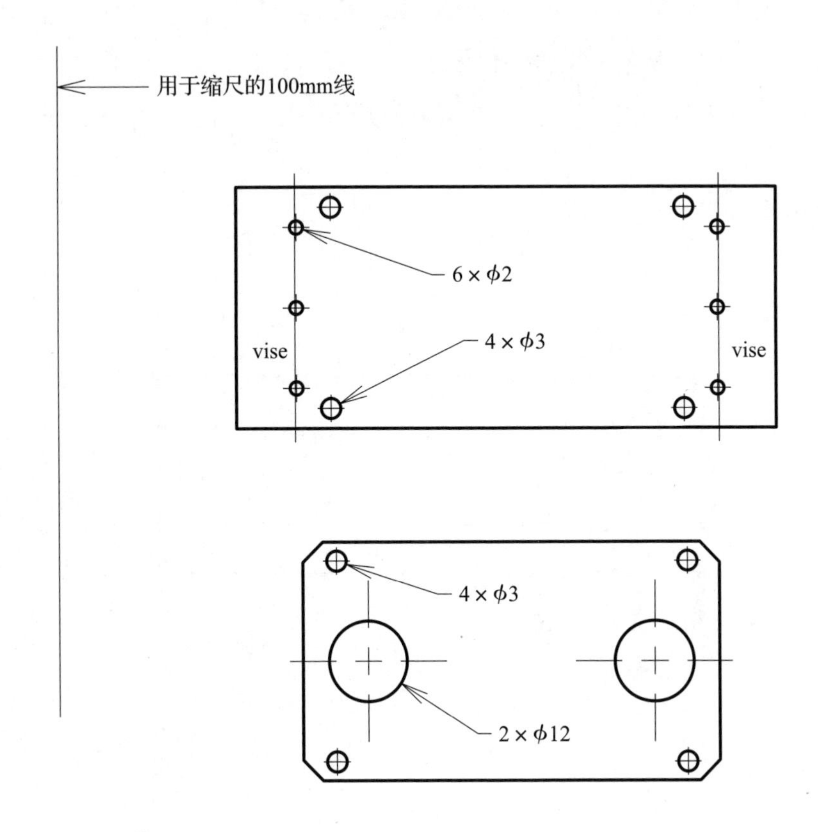

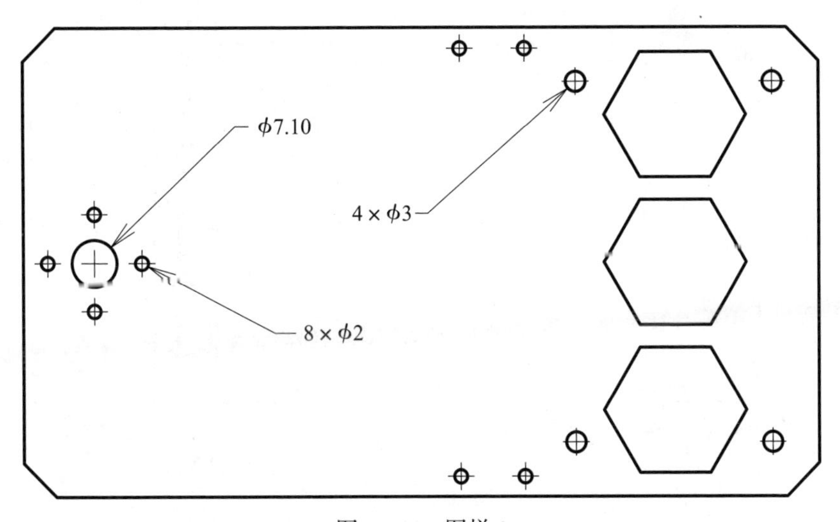

图 10.66 图样 3

10.3.4　各钣金的尺寸数据

以下所示的尺寸数据是当铝的厚度为1mm，弯曲度为0.54mm时各部位的数据。

1. 手部

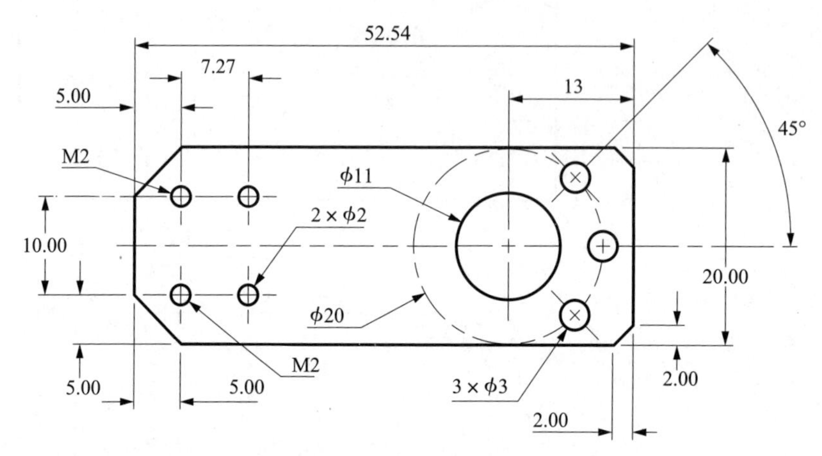

图10.67　手部的尺寸数据

2. 身体

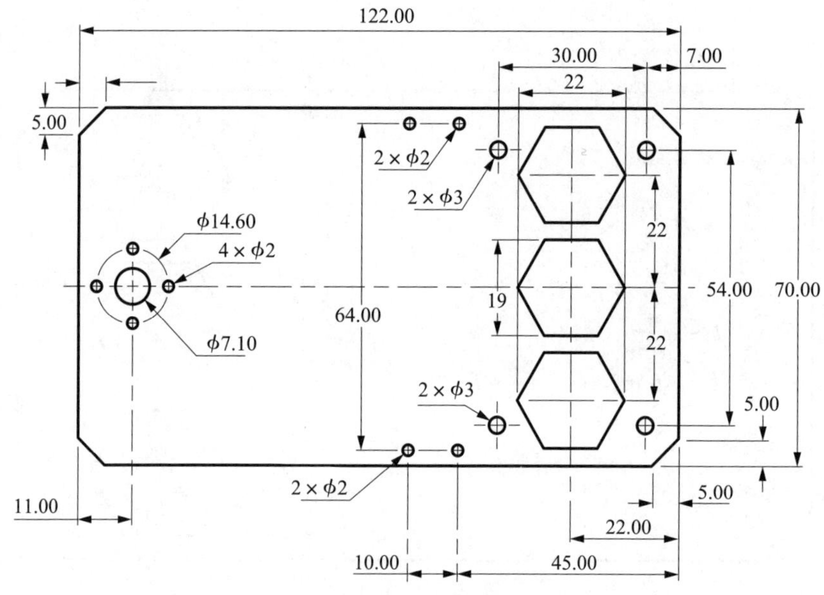

图10.68　身体的尺寸数据

3. 脸部

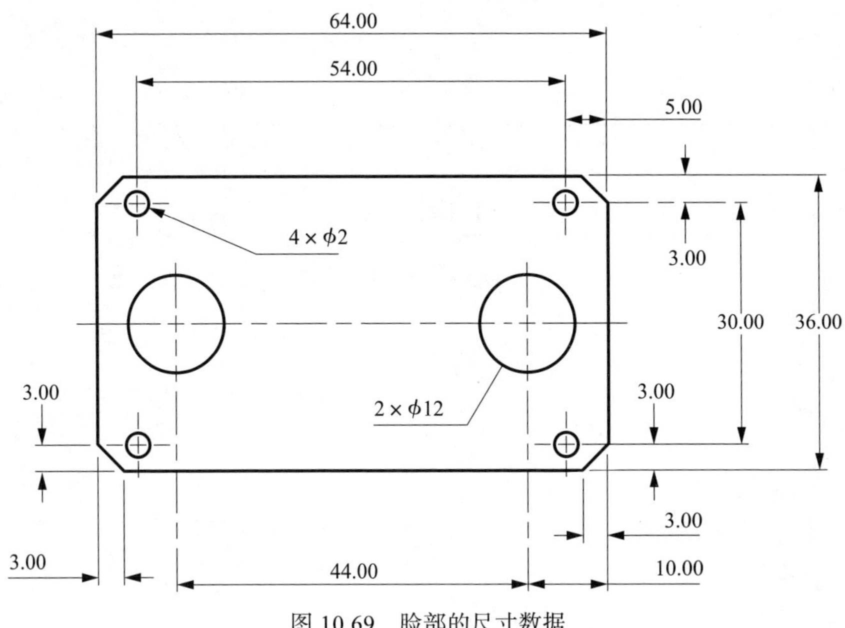

图 10.69 脸部的尺寸数据

4. 头部

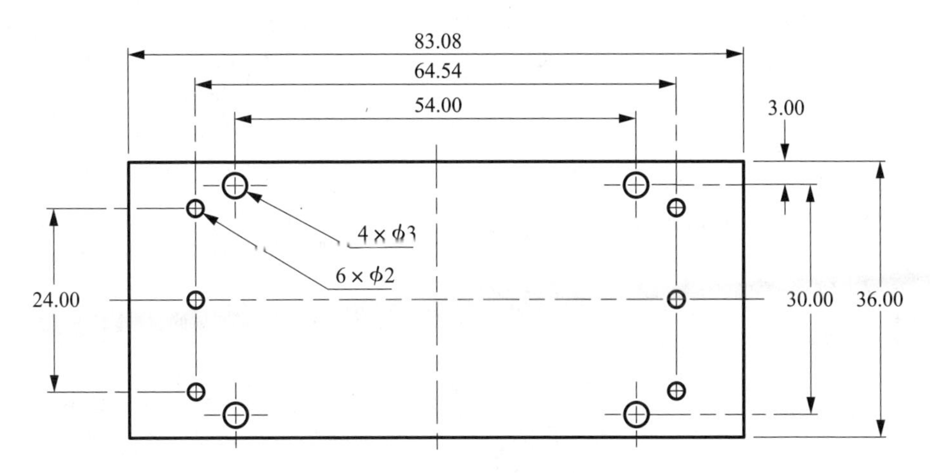

图 10.70 头部的尺寸数据

5. 手柄

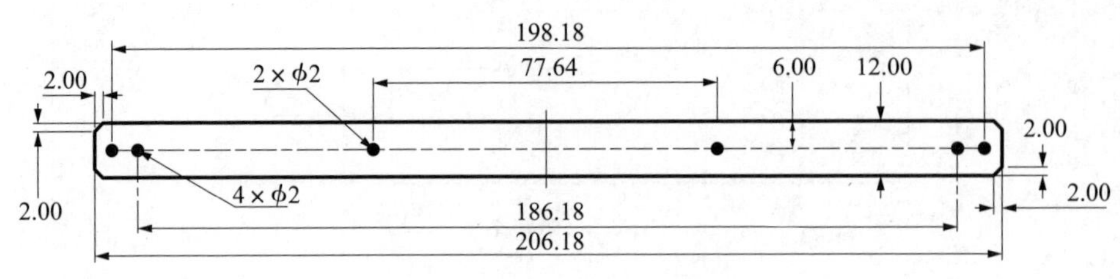

图 10.71 手柄的尺寸数据

6. 脚部

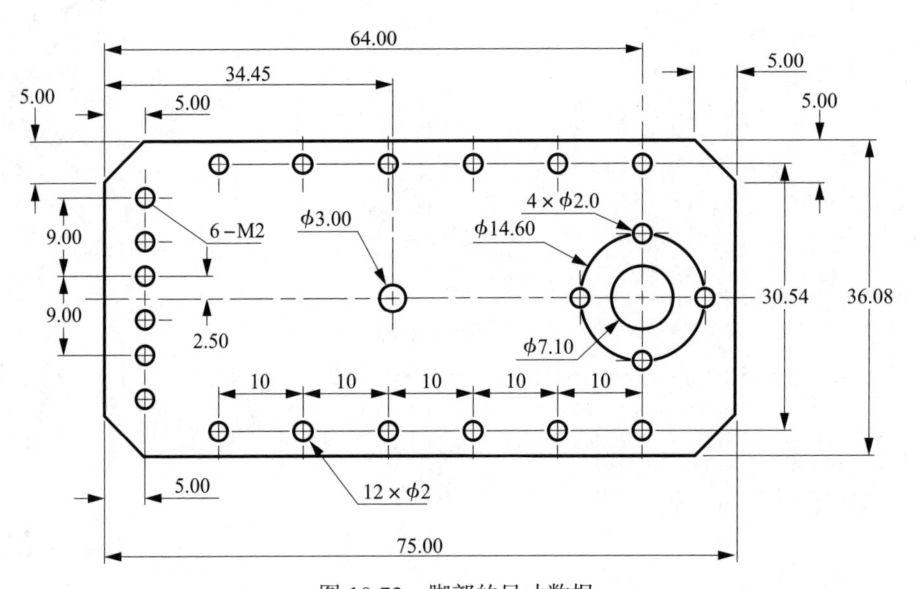

图 10.72 脚部的尺寸数据

7. 脚底

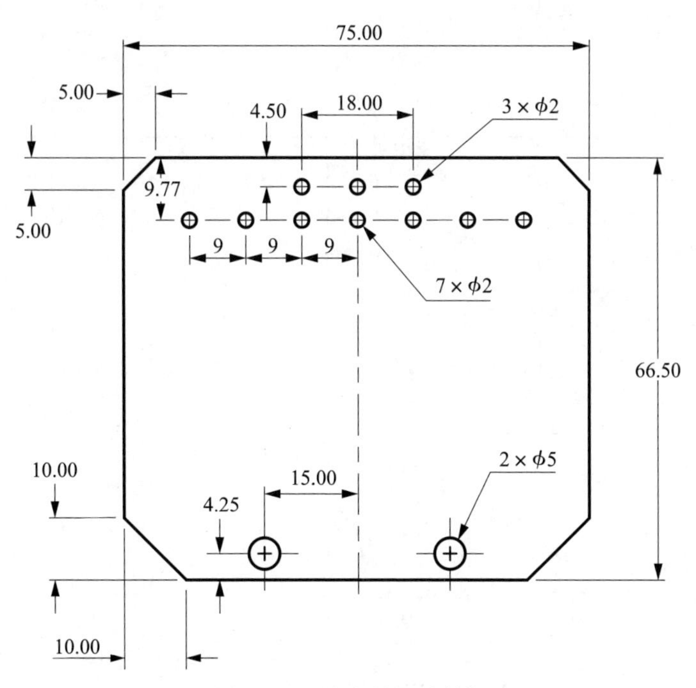

图 10.73 脚底的尺寸数据

8. 零件 A-1

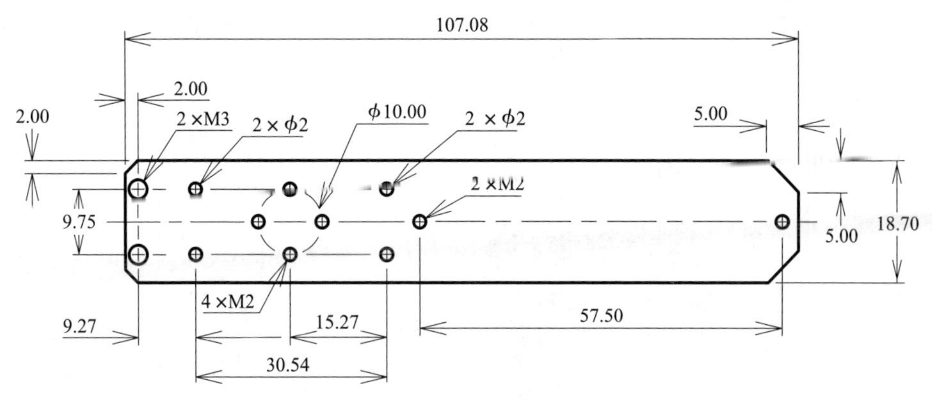

图 10.74 零件 A-1 的尺寸数据

9. 零件 A-2

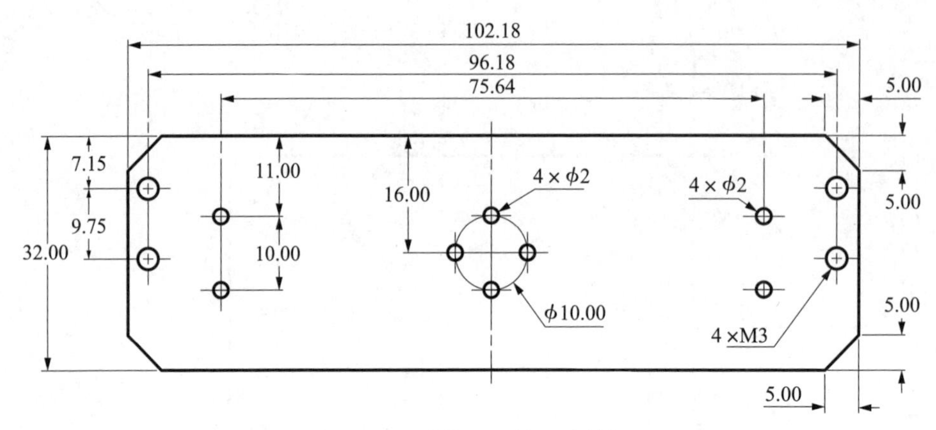

图 10.75 零件 A-2 的尺寸数据

10. 零件 B-1

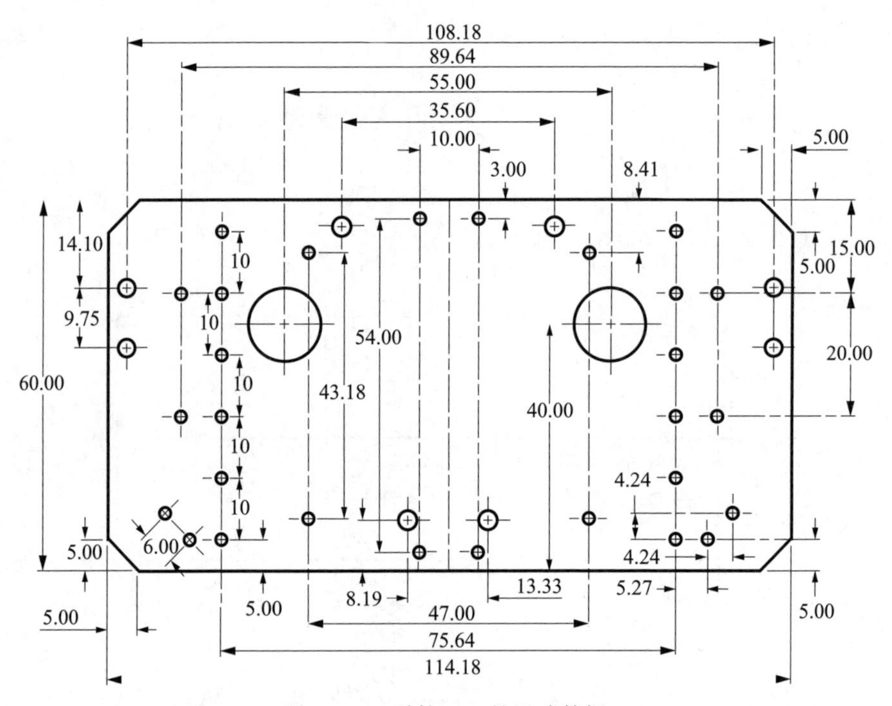

图 10.76 零件 B-1 的尺寸数据

11. 零件 B-2

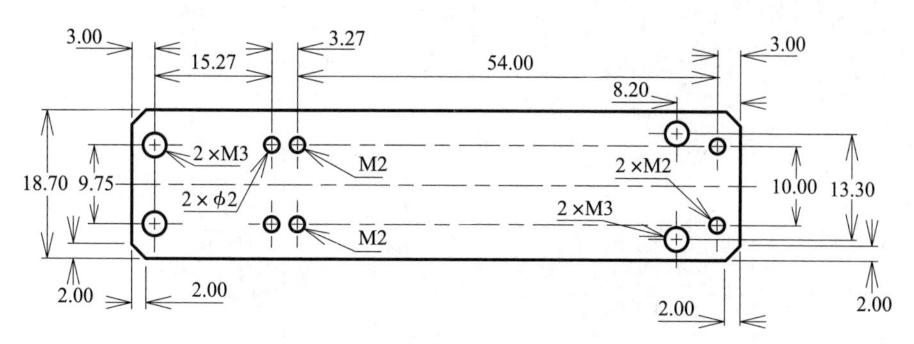

图 10.77 零件 B-2 的尺寸数据

10.4 机器人组装（铝加工版）

10.4.1 所需的零件

图 10.78 和图 10.79 展示了组装所需的零件。

在图 10.79 所示的零件中，CPU 板和伺服电动机可以从 Vstone 公司的机器人商店购买。另外，电池箱和连接器以及连接器外壳可从秋月电子通商处购买。

- ❑ CPU 板（VS-RC003HV）和伺服电动机（标准伺服电动机 Type 2）可见 https://www.vstone.co.jp/robotshop/。
- ❑ 电池箱（BH-341-2A150MM）、连接器（2226tg）、连接器外壳（2226A-02）可见 http://akizukidenshi.com/catalog/default.aspx。

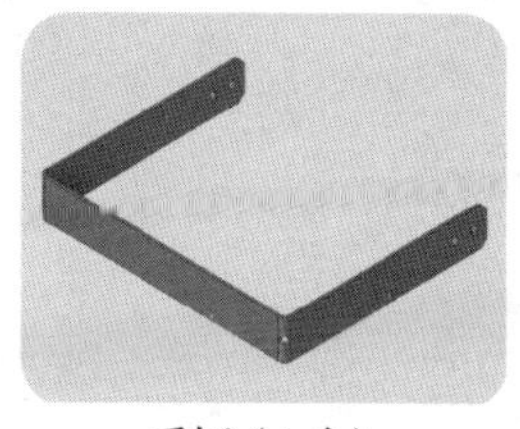

手柄（1 个）

胳膊（2 个）

零件 A-1（1 个）

图 10.78 组装所需的零件①

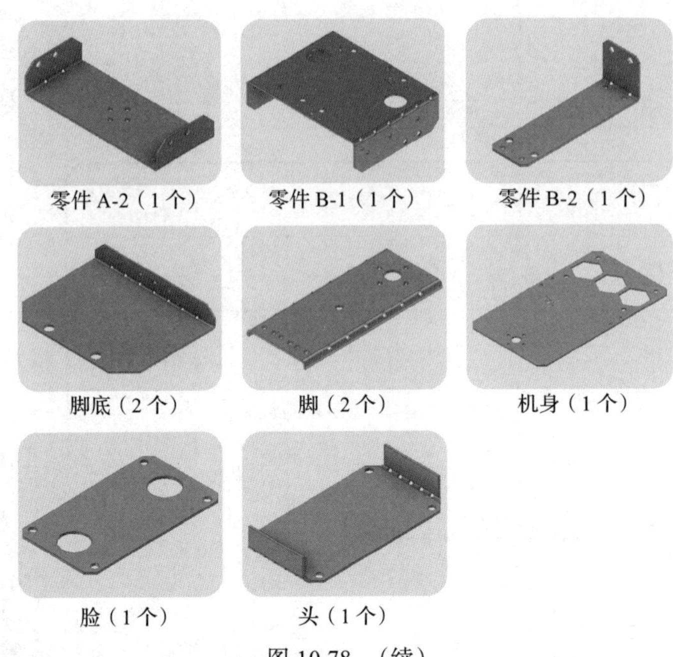

图 10.78 （续）

图 10.79　组装所需的零件②

M2-4 自攻螺钉（12 个）

M3-12 螺钉（12 个）

M3-15 螺钉（6 个）

M5-8 内六角圆柱头螺钉（4 个）

M3-2.5 轴衬（12 个）

M3-4.5 垫片（6 个）

M2.3 自攻螺钉（3 个）
* 伺服电动机附件

图 10.79 （续）

10.4.2　机器人的组装

在伺服电动机上有伺服喇叭的情况下，事先取下伺服喇叭作为准备。请保管固定伺服喇叭的自攻螺钉，不要弄丢。

1）用 M2-8 螺钉和 M2 螺母连接零件 A-1 和零件 A-2，制作零件 A（见图 10.80）。

2）在电池箱的电缆前端安装连接器和连接器外壳。之后，用 M2-8 螺钉和 M2 螺母将零件 A 和电池箱连接（见图 10.81）。

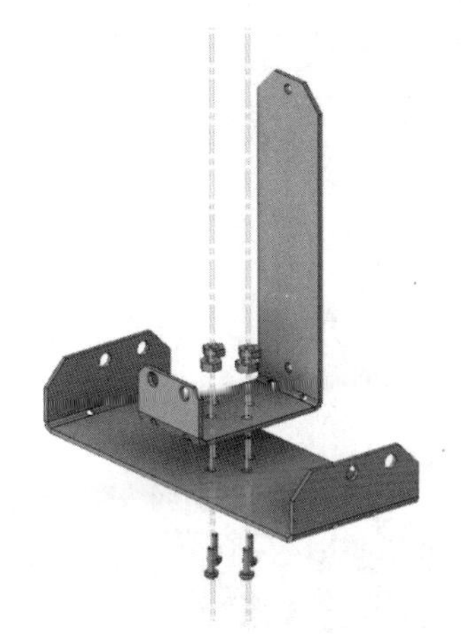
图 10.80　连接零件 A-1 和零件 A-2

图 10.81　连接零件 A 和电池箱

3）用 M2-8 螺钉和 M2 螺母连接零件 B-1 和零件 B-2，制作零件 B（见

图 10.82）。

4）用 M2-8 螺钉和 M2 螺母将脚和脚底连接起来制作左脚。脚的零件使用图 10.83 左起第 1、3、5 个孔。用 M2-4 的自攻螺钉将伺服喇叭安装在左脚上。用 M5 螺母将 M5-8 内六角圆柱头螺钉安装在脚底。

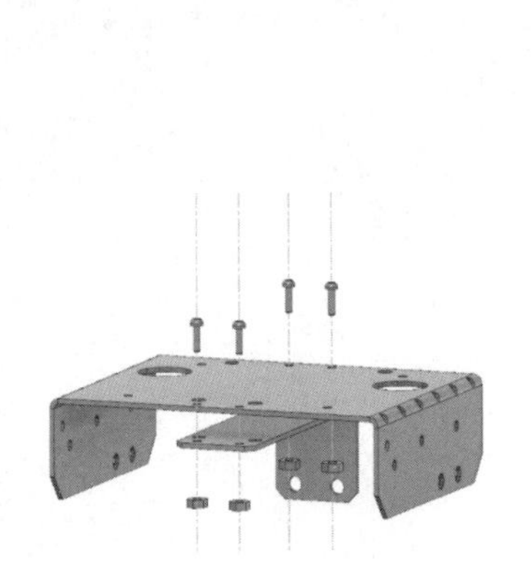

图 10.82　连接零件 B-1 和零件 B-2

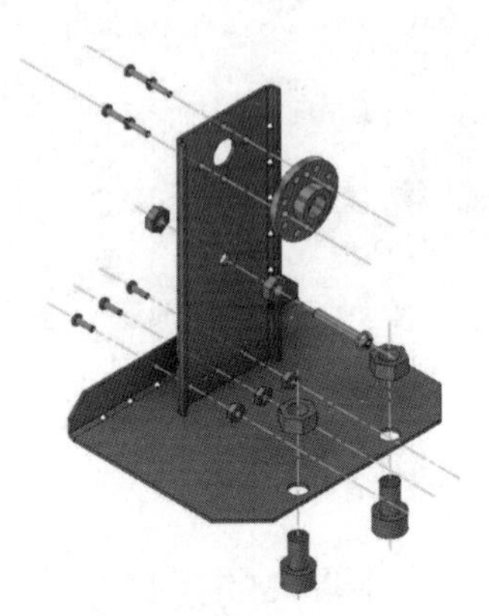

图 10.83　制作左脚

脚内侧用 M3-15 螺钉和 2 个螺母固定。这时，请将脚内侧到螺钉头的长度调整为 9.9mm（见图 10.84）。

5）用 M2-8 螺钉和 M2 螺母将脚和脚底连接起来制作右脚。脚的零件使用图 10.85 左起第 2、4、6 个孔。

用 M2-4 的自攻螺钉将伺服喇叭安装在右脚上。

用 M5 螺母将 M5-8 内六角圆柱头螺钉安装在脚底。

最后，和左脚一样，在脚内侧用 2 个 M3 螺母固定 M3-15 螺钉，使得从脚内侧到螺钉头的长度为 9.9mm。

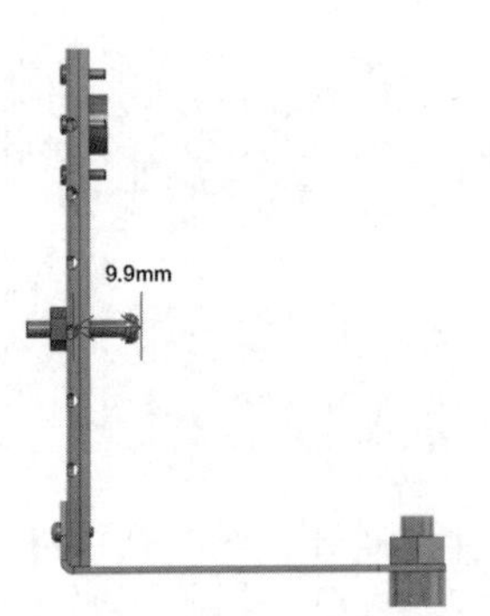

图 10.84　螺钉长度的调整

图 10.85　制作右脚

6）用 M3-15 螺钉和 M3 螺母将脸和头安装在机身上，以便插入 M12 螺母。用 M2-8 螺钉和 M2 螺母连接身体和手臂，制作上半身（见图 10.86）。

用 M2-4 自攻螺钉将伺服喇叭安装在机身上（见图 10.87）。

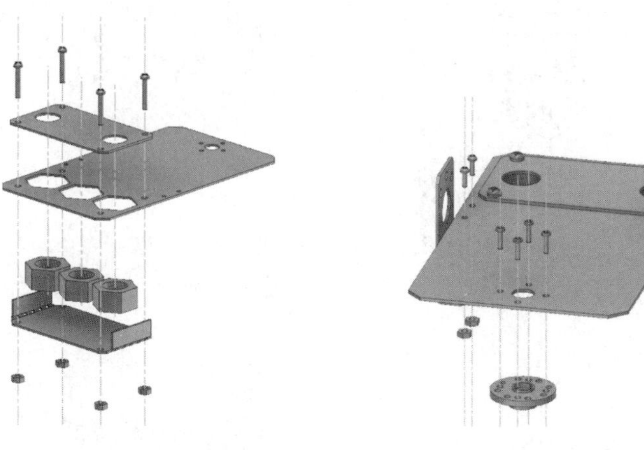

图 10.86　机身组装①　　　图 10.87　机身组装②

7）如图 10.88 所示，将伺服电动机的三个连接器和电池箱的连接器穿过零件 B 的孔中。图 10.88 中，右孔有 2 个伺服电动机的连接器，左孔有电池箱和伺服电动机的连接器各 1 个。

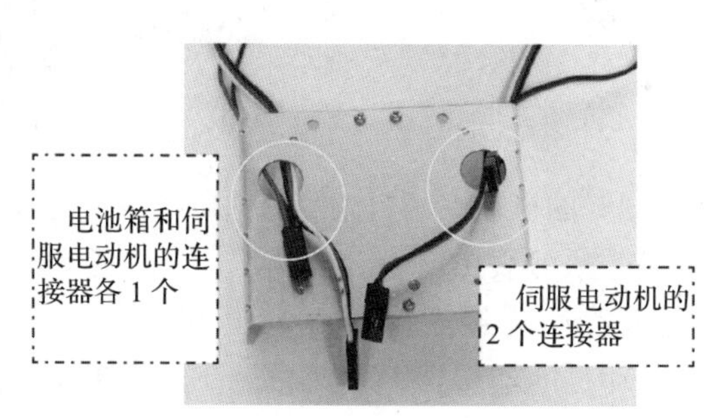

图 10.88　将伺服电动机和电池箱的连接器穿过零件 B 的孔

8）用 M3-12 螺钉、M3-2.5 轴衬、M3 螺母连接 3 个伺服电动机、零件 A 和零件 B（见图 10.89）。

9）将左脚安装在伺服电动机上（见图 10.90）。此时，将脚的活动范围设置为向前 90° 或更大，向后 90° 或更大。

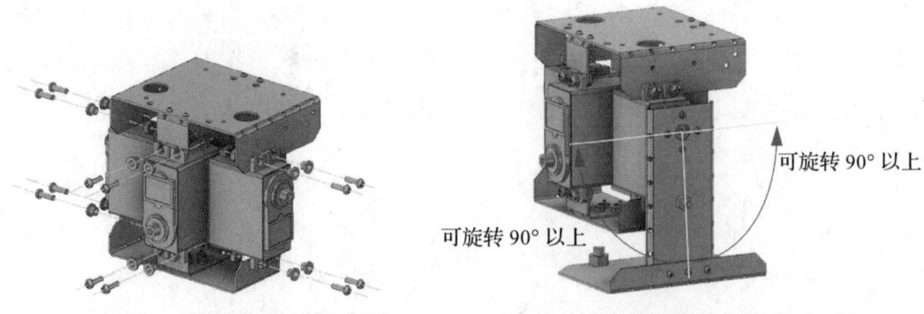

图 10.89　连接伺服电动机、零件 A 和零件 B　图 10.90　将左脚安装在伺服电动机上

10）用安装了伺服喇叭的 M2.3 自攻螺钉固定左脚（见图 10.91）。

11）进行与 9）同样的操作，用自攻螺钉固定右脚（见图 10. 92）。

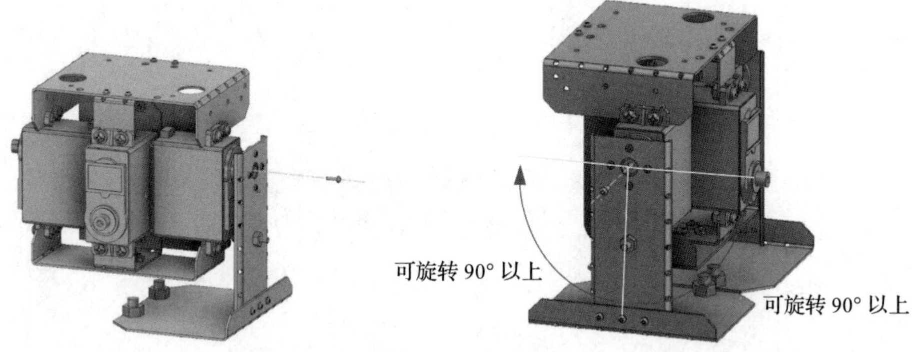

图 10.91　用螺钉固定左脚　图 10.92　用螺钉固定右脚

12）进行与 9）同样的操作，用自攻螺钉固定机身（见图 10. 93）。

13）将 CPU 板安装在零件 B 上，连接伺服电动机的连接器。

CPU 板的右列最前面连接右脚伺服电动机的连接器，右列的倒数第二处连接机身伺服电动机的连接器，左列的最前面连接左脚伺服电动机的连接器。

伺服电动机的连接器以 GND 在 CPU 板外侧，信号线在 CPU 板内侧的方式连接（见图 10.94）。

14）用 M2-12 螺钉、M2 螺母、M2-4.5 垫片连接 CPU 板和零件 B（见图 10.95）。

15）折叠伺服电动机多余的电缆，收在零件 B 与伺服电动机之间（见图 10.96）。

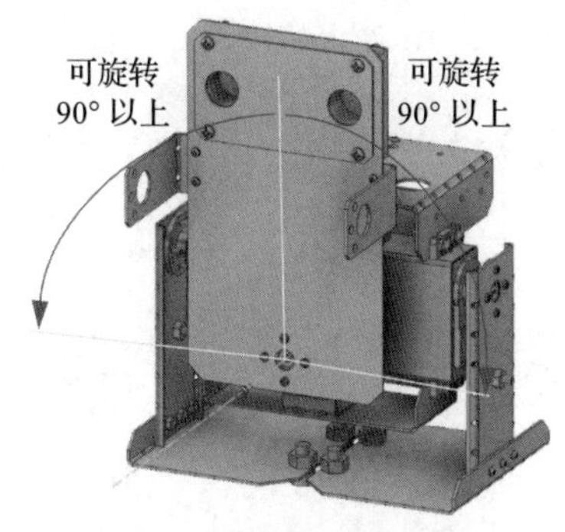

图 10.93　用螺钉固定机身

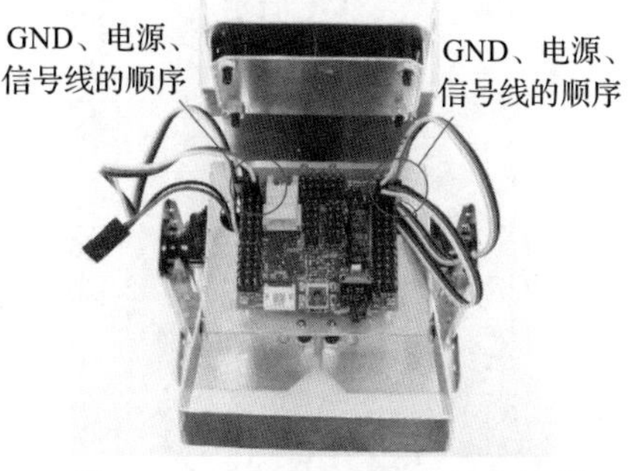

图 10.94　连接伺服电动机连接器

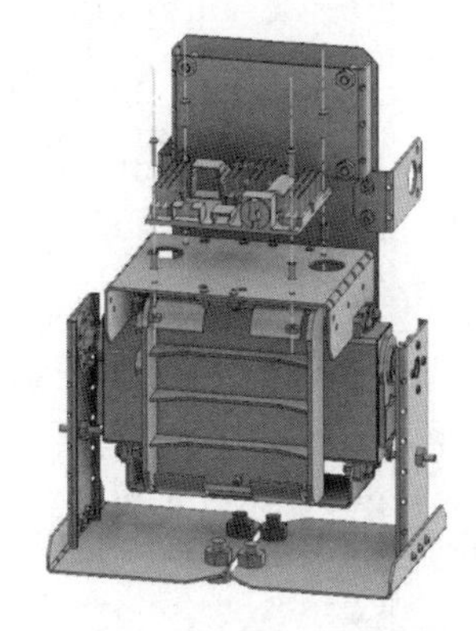

图 10.95　连接 CPU 板和零件 B

图 10.96　收起多余的电缆

16）将手柄用 M2-8 螺钉和 M2 螺母连接在零件 B 上（见图 10.97）。

17）这样一来，机器人的制作就完成了。移动机器人时，请将电池箱的连接器连接到 CPU 板左列前数第二个位置。此时，和伺服电动机一样请将 GND 连接到 CPU 板外侧（见图 10.98）。可用贴纸随意装饰机器人。

18）CPU 接口可以换成“V-duino”(见图 10.99)。

V-duino 集成了 Wi-Fi 通信、伺服电动机控制和传感器读取等功能，是一款由 4 个 5 号镍氢充电电池驱动的机器人控制板。它作为 Arduino 兼容的基础，可以在 Arduino IDE 进行程序编写。与 VS-RC003HV 一样，V-duino 由 Vstone 公司生产和销售。V-duino 的详细使用方法等可以从下面的网页下载。

https://www.vstone.co.jp/products/vs_rc202/download.html

更换 CPU 板时，需要 M3-8 螺钉、M3 螺母和 M3-4.5 垫片各 3 个。从现有的 CPU 板上拆下所有的连接器，然后从零件 B 上拆下 CPU 板。用 M3-8 螺钉、M3 螺母、M3-4.5 垫片将 V-duino 连接到零件 B（见图 10.100）。

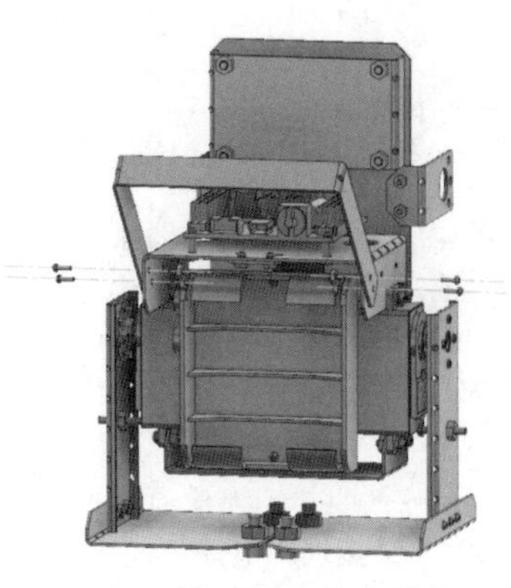

图 10.97　将手柄连接在零件 B 上

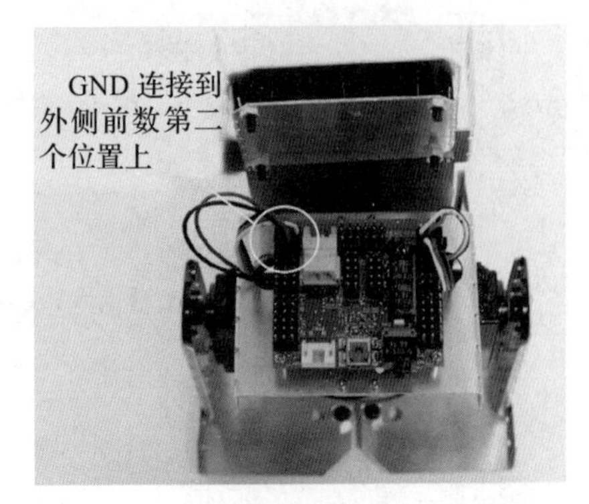

图 10.98　连接电池箱的连接器

图 10.99　V-duino

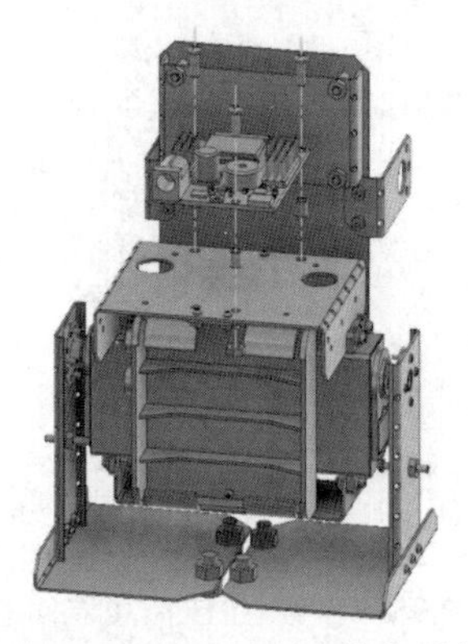

图 10.100　将 V-duino 连接在零件 B 上

V-duino 左列前数第 1 到第 4 处依次连接电池箱连接器、左脚的伺服电动机连接器、右脚的伺服电动机连接器和机身的伺服电动机连接器。连接器全部连接后 GND 要位于 V-duino 的外侧（见图 10.101）。

图 10.101　V-duino 连接伺服电动机连接器和电池箱连接器

10.5 3D打印机

近年来，3D打印机迅速普及，很多企业、大学，甚至个人家庭都在使用。本节将使用3D打印机制造的零件，来制作三轴双足步行机器人。另外，我们假定会使用到使用范围最广的FDM（热熔积层）式3D打印机。

10.5.1 材料

1. ABS

现在很多FDM式3D打印机使用的材料都有ABS（丙烯腈－丁二烯－苯乙烯）。ABS是一种通用性很高的材料，被广泛使用于家电产品、汽车、家庭用品等各种产品中。一方面，由于ABS具有适度的弹力，便于研磨加工，所以容易剥离支撑材料。另一方面，它还是一种温度下降时收缩率较大，容易产生弯曲和裂纹的材料。

3D打印版的机器人零件就是利用这种ABS灯丝进行造型的。

2. 螺钉

所需的螺钉如下所示。

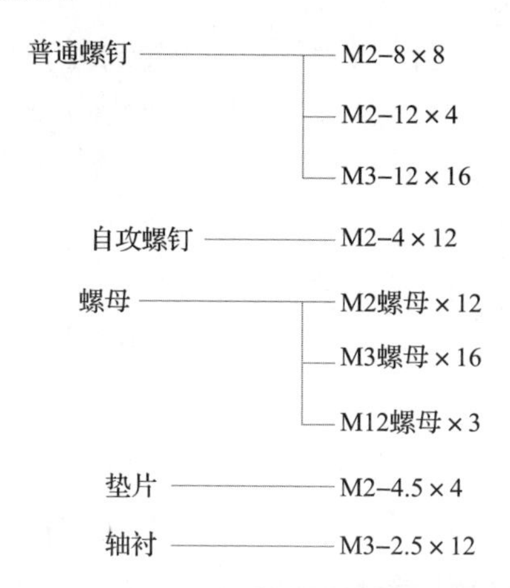

10.5.2 工具

- **扁嘴钳**：在剥离零件造型时产生的支撑材料（辅助材料）时使用。事先准备细的和粗的两种款式会比较方便。
- **锉刀**：在去除没有处理完的支撑材料或毛刺时使用。
- **锥子**：用于剥离形成在小孔和凹槽中的支撑材料。

❑ **螺丝刀**：M2 的螺钉用 1 号螺丝刀组装，M3 的螺钉用 2 号螺丝刀组装。

10.5.3　3D 打印的工作流

1. 造型数据的准备

准备 3D 打印的造型数据。一般使用 3D -CAD 软件进行设计，以 stl 格式的数据输出。本书预先准备了以 stl 格式输出的数据。请从下面的 URL 下载数据。

https://www.vstone.co.jp/products/robovie_i2/download.html

2. 造型

使用下载的数据进行造型。将零件放置在所使用的 3D 打印机的造型区域进行造型。在 3D 打印机的造型中，根据造型时的零件朝向，有时会同时输出支撑材料。由于该支撑材料关系到造型时间和造型物的精度，所以必须尽可能不要将其输出。请注意以下几点。

❑ 确定上下方向，使底面部分成为较大的面，头部部分成为较小的面。

❑ 螺钉孔等有精度要求的部分的朝向要尽可能朝上。

3. 支撑材料的去除

造型时输出的支撑材料，需要使用扁嘴钳和锥子等去除。在使用同一材料对支撑材料和造型物进行造型的 3D 打印机的情况下，支撑材料和造型物的分界线有时很难分辨。请小心除去支撑材料，以免损坏或打碎造型物。

10.6　机器人组装（3D 打印版）

10.6.1　所需的零件

图 10.102 展示了所需的 3D 打印零件。

另外，电池箱、CPU 板、伺服电动机与用钣金加工（即 10.4 节的铝加工版）时的相同。另外，关于螺钉和螺母，虽然数量上有差异，但只要有钣金加工时准备的物件，就可以进行组装。关于所需的螺钉和螺母的数量，请确认有关所需螺钉的步骤。

10.6.2　机器人的组装

1）用 M2-8 螺钉和 M2 螺母连接零件 A 和电池箱（见图 10.103）。

图 10.102　组装所需的 3D 打印零件

2）用 M2-8 螺钉和 M2 螺母连接脚和脚底来制作整只脚（见图 10.104）。用 M2-4 自攻螺钉将伺服喇叭安装在脚上。这时，如果脚上的突起使得难以插入脚底，请用锉刀一点一点地削去突起的侧面。做 2 个这样的脚，双脚的制作就完成了。

图 10.103　连接零件 A 和电池箱

图 10.104　制作整只脚

3）将 M12 螺母套在机身的六角形凹槽上，用 M3-12 螺钉连接脸部，制作上半身。用 M2-4 自攻螺钉将伺服喇叭安装在机身上（见图 10.105）。

4）将伺服电动机的三个连接器和电池箱的连接器穿过零件 B 的孔。与钣金加工时一样，右孔上有 2 个伺服电动机的连接器，左孔上有电池箱和伺服电动机的连接器各 1 个（见图 10.106）。

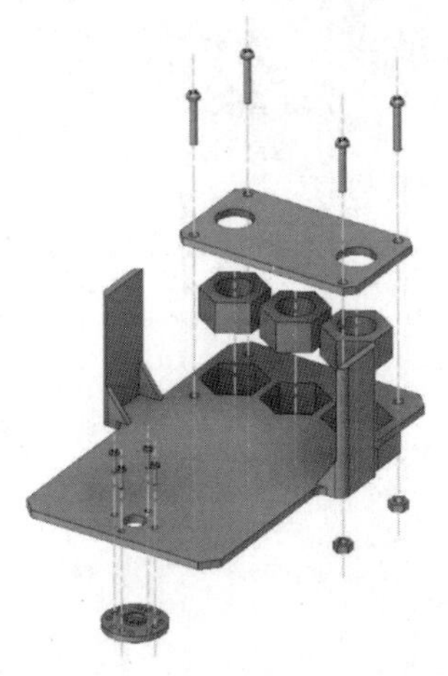

图 10.105　制作机身

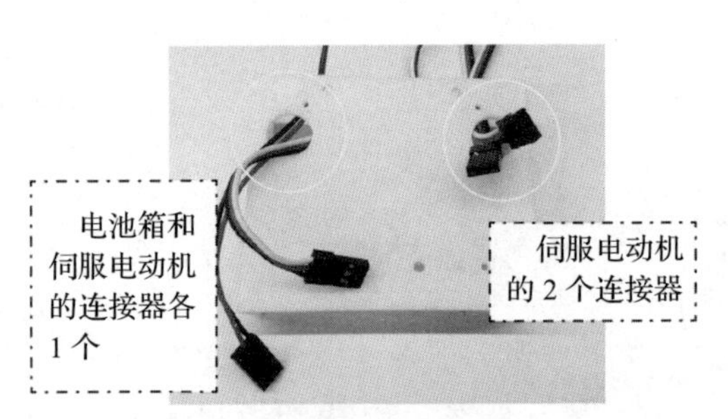

图 10.106　将伺服电动机和电池箱的连接器穿过零件 B 的孔

5）用 M3-12 螺钉、M3-2.5 轴衬、M3 螺母连接 3 个伺服电动机、零件 A 和零件 B（见图 10.107）。

图 10.107　连接伺服电动机、零件 A 和零件 B

6）将左脚安装在伺服电动机上。此时，将脚的活动范围设置为向前 90° 或更大，向后 90° 或更大（见图 10.108）。

7）用安装了伺服喇叭的 M2.3 自攻螺钉固定左脚（见图 10.109）。

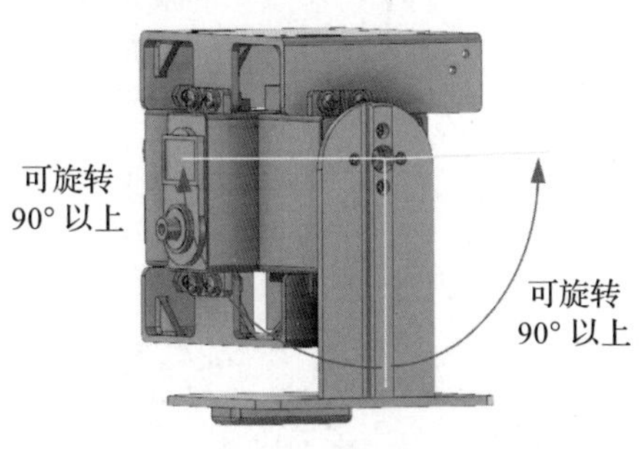

图 10.108　安装左脚的伺服电动机

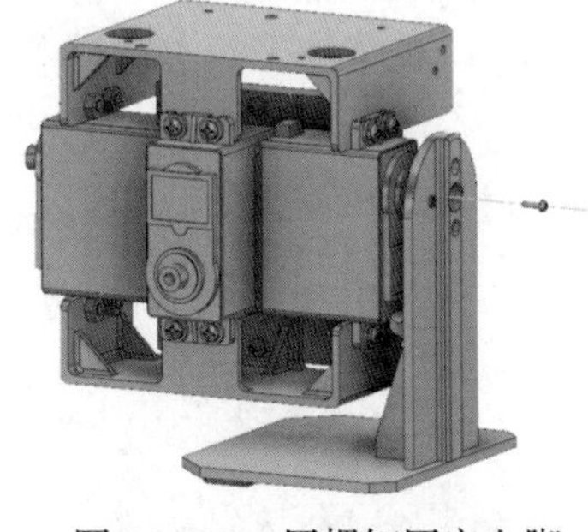

图 10.109　用螺钉固定左脚

8）进行与 6）同样的操作，用自攻螺钉固定右脚（见图 10.110）。

9）进行与 6）同样的操作，请用自攻螺钉固定机身（见图 10.111）。

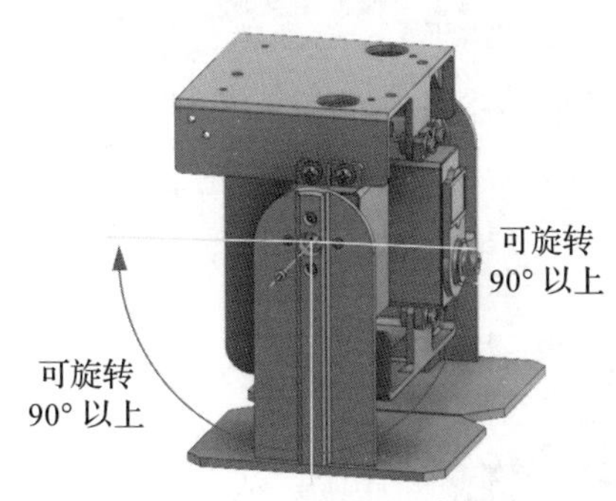

图 10.110　用螺钉固定右脚

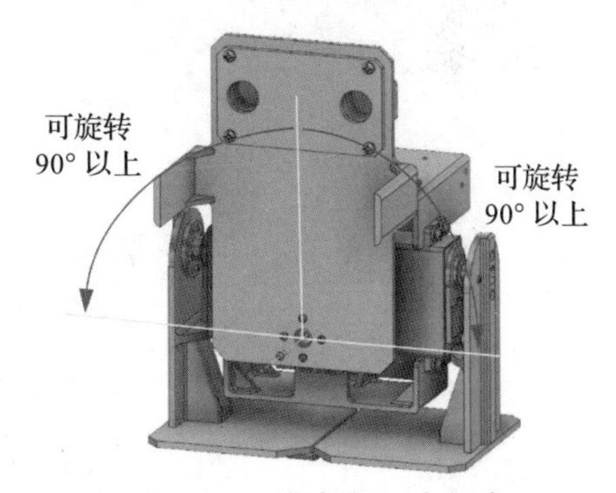

图 10.111　用螺钉固定机身

10）将 CPU 板安装在零件 B 上，连接伺服电动机的连接器。

布线与钣金加工时的制作一样。请参考 10.4 节的图 10.94 和图 10.98（钣金加工的布线图像）。

11）用 M2-12 螺钉、M2 螺母和 M2-4.5 垫片连接 CPU 板和零件 B（见图 10.112）。

12）折叠伺服电动机多余的电缆，收在零件 B 与伺服电动机之间。

13）将手柄用 M2-8 螺钉和 M2 螺母连接在零件 B 上（见图 10.113）。

14）这样一来机器人就制作完成了。

钣金加工时一样，CPU 板可以换成 V-duino。更换时，需要 M3-8 螺钉、M3 螺母和 M3-4.5 垫片各 3 个。从现有的 CPU 板上拆下所有的连接器，然后从零件 B 上拆下 CPU 板。通过 M3-8 螺钉、M3 螺母、M3-4.5 垫片将 V-duino 连接到零件 B（见图 10.114）。布线和钣金加工时的一样。请参考 10.4 节的图 10.101（钣金加工的布线图像）。

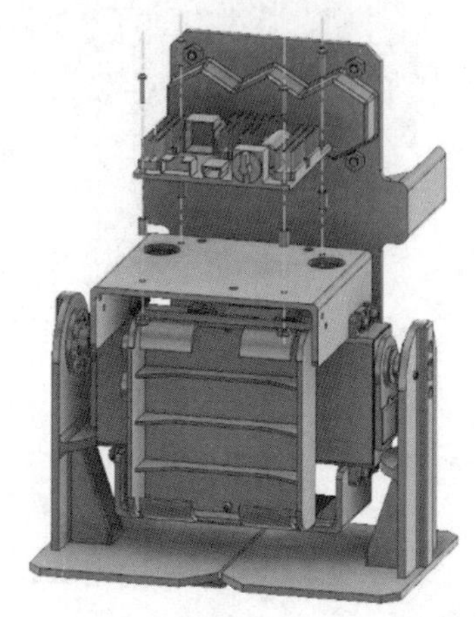

图 10.112　连接 CPU 板和零件 B

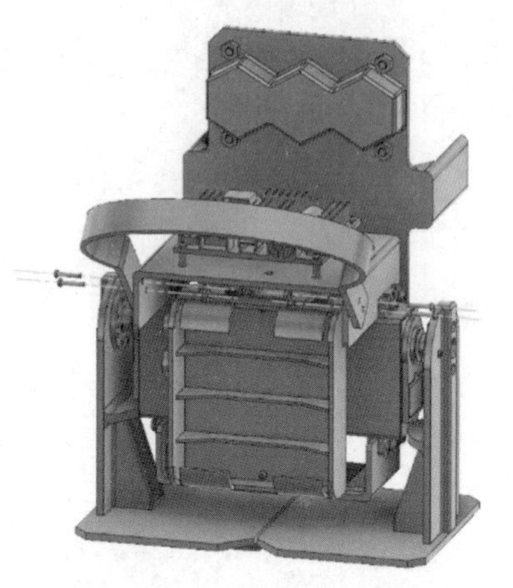

图 10.113　连接手柄和零件 B

图 10.114　连接 V-duino 和零件 B

CHAPTER 11

第11章

结　语

主要内容

- 本章中，我们将从人们对机器人有怎样的印象，现在什么样的机器人能被人接受，将来什么样的机器人会受到人们的期待等视角来阐述机器人。

11.1　机器人的定义

至此，我们已经学习了关于机器人的知识，最后让我们来思考一下最根本的问题。到底什么是机器人？

一般来说，人们认为机器人是“由电控制的机械系统”。但是，这一定义过于宽泛，能够称为机器人的程度界定并不明确。关于机器人一词的由来，据说是由一位叫卡雷尔·恰佩克（1890年—1938年）的捷克作家在戏剧中首次使用，具有劳动者的意思。之后，机器人实际的问世是在20世纪60年代。在工厂代替人进行焊接和涂装的机器人在美国上市。20世纪80年代的日本，组装机器人开始商品化，90年代机器人成为汽车和电器产品制造中不可或缺的一部分。

首次面向大众销售的机器人为犬型机器人AIBO（现为aibo）。这是一款不在工厂工作的工业机器人。在AIBO于1999年亮相后的第二年，人形的双足步行机器人ASIMO登场。

在工厂工作的焊接机器人和ASIMO的共同点是，它们都配备了传感器并具有控制和判断功能。这些是被称为机器人的机械所要具备的共同条件，也可以说是机器人的定义。但按照这一定义，微波炉和汽车也可以算作机器人。

只要按下微波炉的加热按钮，重量传感器就会起作用，自动设定所需时间并开始工作，在结束后会告知加热结束。全自动洗衣机也一样，放入衣物后启动开关，洗衣机就可以根据衣物的量决定水量，放入足够量的水，然后停止加水、清洗、脱水。从带有干燥功能的洗衣机中拿出来的衣物能立即更换，其洗衣的整套流程都是全自动完成。

此外，还有肉眼看不见的机器人。家庭安全系统可以察觉外出时窗户的开关和室内温度的变化，并告知异常情况，有时还会自动进行锁门。

在过去，机器人指的是在工厂里进行组装工作的机器。但是，随着近年来各种信息家电的发展，以及与各种机械结构的整合，思考什么是机器人，什么不是机器人的分界线已经几乎没有意义了。

今后还会出现各种形态的机器人，技术开发的潮流已经无法阻挡。倒不如说，不断制造新形态的机器人对于研究来说更为重要。

11.2　对机器人的期待

那么，即使我们对机器人进行了这样的说明，很多人可能还是会觉得“有哪里不对”。更简单地说，很多人都是根据像《铁臂阿童木》那样的漫画或电视中的角色来塑造机器人的形象的。

那么，我们在看了阿童木的哪些部分之后，认为它是机器人呢？

阿童木有两大特征。一是可以在空中飞行，还可以投掷东西，这是它作为超级机器时的特征。另一个是与人交往，亲切待人，这是它作为朋友和伙伴时的特征。从某一方面来说，我认为它不能算作机器人。成为人类的朋友，在某种程度上可以与人交谈和沟通，而且能做一些人做不到的事情——这就是大家想象中的机器人。

如果要实现这样的机器人，与实现超级机器的特征相比，实现与人做朋友的特征要困难得多。实现超级机器的功能与开发汽车和飞机一样，只要使用更优秀的电动机，使用更高精度的传感器，说不定就能实现。但是，作为朋友、与人打交道的特征，仅仅开发优秀的机器是无法实现的。机器人如何行动才能像人一样与人打交道，这是一个如果不具备“人是什么”这样充分的知识就无法解答的问题。

那么，这些知识从何而来？它来自被称为心理学、认知科学、脑科学等研究人类的领域。但是，在这些领域中也并没有充分积累有关人类的知识，至今仍留下了许多谜团待人解答，所以研究还在继续。

今后，机器人的研究将会越来越深入。并且很多研究人员也和大家一样，一边设想着机器人的形象，一边为了实现这个形象而开发机器人。这样一来，在今后的机器人研究中，尤为重要的是与人相关的机器人的功能，以及制作机器人所需的对人类的了解。也就是说，如果今后想要进一步发展机器人，就必须同时进行了解人类的研究和机器人的开发。到目前为止，机器人的研究一般被认为是由大学的工学院进行的。不过，今后不仅在工学院，在了解人类的各个领域都有望开展机器人的研究。

11.3 现在的机器人

那么，让我们来看看目前开发出来的各种机器人吧。

一直以来支持日本机器人开发的官方机构是经济产业省。经济产业省大力支持日本已经大幅领先世界的工业用机器人领域，从而保证在人形机器人等二代机器人的开发上，日本也能够领先世界水平，日本尤其热衷于以医疗、福利、防灾、维护、生活支援、娱乐为目的的机器人的研究开发。

日本是机器人技术的发达国家，2017 年世界上的工业用机器人销量约为 38 万台，其中 60%（约 23 万台）由日本公司销售（国际机器人联合会（IFR）、日本工业机器人委员会的数据）。在这些机器人的开发过程中，几乎没有考虑到人与机器人的关系。这是因为工业用机器人一般都被固定放置在工厂中，预先知道周围环境对人有什么样的危险，通过不让人靠近来规避危险。

但是，新一代机器人被要求能在客厅、儿童房以及病房中与人一起活动。因此，它们与人的接触和安全标准的确立是非常必要的。

在 2005 年的“爱・地球博览会”上，展出了约 100 个机器人。这是经济产业省面向新一代机器人开发和普及的活动之一。我想很多人看到了各种各样的机器人，并对这些机器人的进步感到震惊。

像这样的新一代机器人的开发现状，以涉及设施和地区的实证试验为中心，离实用仅一步之遥。在实际的设施和地区中，如何使用机器人，在社会中机器人有什么样的必要性，这些都是需要考虑的问题，以此来确定更为重要的研究主题。在“爱・地球博览会”上，也有机器人以博览会会场为舞台，负责打扫、警备、引导等工作，这本身就是一种实证实验。

11.4　家用机器人

在“爱・地球博览会”上看到的大多数机器人都达到了可以进行实证实验的水平，但随着之后技术的发展，更贴近人类生活的机器人开始在市场上销售。

其中代表性的例子就是 2016 年夏普股份有限公司发售的 RoBoHoN（见图 11.1）。RoBoHoN 虽然是身高 19.5 cm 的人形机器人，但内置了安卓系统，有智能手机的功能（Wi-Fi 专用机型等部分机型除外）。

图 11.1　夏普的人形机器人“RoBoHoN”

近年来，智能手机的发展令人瞩目，很多机型都可以通过语音进行文字输入、搜索以及回答问题。仅从这部分功能来看，RoBoHoN 已经充分具备了作为机器人的功能，但 RoBoHoN 最大的特点是它有脸和手脚，具有能让大多数人认同它是机器人的形状。

当人们与智能手机等机器说话时，大多是对着无机物质的盒子或屏幕说话。但是，在人类原本进行的交流中，比起对象是盒子或机器的形状，人们更倾向于对更接近人类的东西产生亲近感（即使对方不是人，比如有人会对宠物或布娃娃说话）。RoBoHoN 的目标是，在具备智能手机功能的同时，通过使人容易产生亲密感和依恋感的外形，成为超越现有智能手机的新型通信设备。

另外，RoBoHoN 配备了通信功能，因此可以随时连接互联网。给小型机器人全部配备能进行语音处理的高性能计算机是比较困难的，但通过使用互联网上的云服务器，就可以做到这一点。可以说，正是这些技术的革新成就了便于携带的小型通信机器人。

可以说，随着 RoBoHoN 这样的产品的出现，机器人开始能够更加自然地融入我们的生活中。在社会上的所有场合都能使用的机器人在技术上还很难实现，但是，随着人们逐渐习惯与机器人的共同生活，和机器人对话就会变得越来越自然，机器人能够派上用场的场合也会越来越多。为了构建与机器人共同生活的社会，在技术进步的同时，人类也需要适应社会变化。

再来介绍一个大家都很熟悉的家用机器人吧。名为“Roomba”的扫地机器人在上市两年半的时间里在全球销售了 100 万台，是全球热销商品（见图 11.2）。它具有自动控制功能，能够使用传感器沿着墙壁移动，不会从楼梯上掉下来，并具有先进的随机移动算法，可以像缓缓滚动的弹珠一样在地板的各个角落来回跑动。Roomba 的操作按钮只有 3 个——S、M、L。它们的区别在于操作时间分别为 15min、30min、45min。用户可以根据房间的大小来决定按哪个按钮，随后就不需要再进行任何操作了。

图 11.2　iRobot 公司的扫地机器人“Roomba”

开发并上市这一自动扫地机 Roomba 的是美国的 iRobot 公司。该公司原本是开发军事用机器人的企业，该公司的名为“Urbie”的机器人被用于在倒塌大楼的瓦砾中寻找失踪者。另外，它也可以进行地雷搜索工作。

随着微波炉和洗衣机不断发展，它们变得多功能化，具有机器人的功能，但将它们称为机器人还是会令人抵触，而从 Roomba 使用者的经验来看，它确实是被当作机器人来对待的。据说使用 Roomba 的人中，给它取名字的人也不在少数。在送去修理的时候，有的人会说“请一定要把这个孩子还给我”，而不是换新的，从这一轶闻可以看出，在与人的关系上，它与 aibo 很相近。

作为一个扫地机，Roomba 并不是万能的。在打开 Roomba 的开关之前，必须把散落在地板上的书和书包收拾好，把脱下的袜子或玩具等稍大的东西挪开。“虽然有点费事，但它很可爱。”从目前的情况来看，用户选择家务用机器人并非只注重实用性，而是从“有了这个孩子，生活就会变得愉快”这一视角来进行选择。

设计 Roomba 的控制程序的是 MIT（Massachusetts Institute of Technology，麻省理工学院）的布鲁克斯教授。可以想象 Roomba 的很多功能都是作为反射行为来实现的。另外，Roomba 与 aibo 等机器人相比，使用的传感器数量非常有限。因为是简单的机器人，大家稍微花一点功夫也许就能做出来。只要你能写好机器人的控制程序，即使使用简单的结构，也能创造与人成为朋友，在帮助别人的同时还能与人一起生活的机器人。

11.5　需要机器人的未来世界

最后，让我们来思考一下机器人将对我们的未来产生怎样的影响。在今后，不仅是日本，世界上很多国家都将出现少子、高龄化现象。越来越少的年轻一代，要支撑着越来越多的老年人。特别是在日本，据预测，到 2025 年，每个家庭的 2 名工作人员就必须赡养 3 名年轻人和老人。这就给工作的一代增加了负担。劳动人口被称为生产人口，一旦减少，国家的活力就会减少。在世界上的若干国家，同样的问题也正在发生。

因此，机器人的广泛应用受到了人们的期待。就像工业用机器人代替人承担产业一样，借助在日常生活中为人们提供多样服务的机器人的帮助，人们也有望在日常生活中过得更游刃有余。

作为支持人类日常生活的机器人，尤其值得期待的是支持护理的机器人。支持护理的机器人可以减轻在高龄化社会成为问题的护理负担。现在在护理现场，机器人不仅可以代替人类进行工作，如果借助机器人的力量，还可以进行更加亲近人类的工作。另外，机器人不仅可以胜任护理方面的体力工作，还可以在与老人对话的同时，为老人加油鼓劲。通过与机器人对话，有望抑制阿尔茨海默病等疾病的恶化。

另外，在家庭内部，支持家务和育儿的机器人也备受期待。这些机器人可以减轻女性工作的负担。在世界上，有很多国家的女性也和男性一样需要工作。日本也逐渐成为女性工作活跃的社会。但是，今后的少子、高龄化社会，将更加需要女性劳动力。我们必须创造一个更容易让女性工作的社会。为了创造这样的社会，支持家务和育儿的机器人是很有必要的。

在医院里，也会有很多机器人能派上用场。目前，用于手术的机器人已经在很多医院中使用，除此之外，能够掌握患者的健康状态，通过对话让患者安心的机器人也有望逐渐被使用。在医院工作的护士数量逐渐不足，为了弥补这些不足，给病人提供周到的服务，机器人需要发挥它们的作用。

当然，今后在街上也会看到很多机器人。特别是日本，今后将会接纳更多的外国人。这时语言的问题就会凸显出来。要想给外国人提供放心的服务，用该国的语言交流是很重要的，但人不可能简单地学会外语。但是，机器人可以用各种语言交流。不仅是日本，全世界都将使用这种用外语向外国人提供信息和引导的机器人。

计算机和智能手机让世界发生了巨大的变化。接下来，世界会因什么而改变呢？作为这种可能性之一，机器人被寄予了厚望。也许在不久的将来，机器人将使世界再次发生天翻地覆的变化。

APPENDIX

附录

在课堂制作机器人

A.1 培养支撑机器人产业的技能型人才

本书第 1 版的编辑委员会的起源可以追溯到 2002 年由大阪市经济局设立的以浅田 稔为主席的“机器人产业振兴研究会”。

2003 年关西经济联合会设立“关西下一代机器人促进委员会”，该委员会的企划委员会（主席：浅田 稔）提出以“生活支持”为重点的机器人开发方案，到 2004 年，该方案被决定以“大阪圈中的生活支持机器人产业基地的形成”形式作为政府城市再生项目（第七次）展开。

当时，大阪市和大阪府构筑了“大阪机器人社会实证倡议”，作为大阪车站北码头的再开发的项目之一，形成了以机器人为基础的“研究、教育、产业”的集成据点，开设了“机器人实验室”。此外，该方案还促进了先导项目的推进、研究开发网络“RooBo”的形成等各项措施。

在这样的环境下，该委员会成员将视角转向研究开发、实证项目的下一步即产业化时，感受到了培养支撑工业的技能型人才的必要性。随后，2004 年，大阪教育委员会在淀川、藤井寺、城东职业学校设置‘机器人专业’并开发有实践性的教育项目”的意向，并实施了后续内容中的项目。

本书的大部分内容都以项目为基础，以此让读者学到知识，这就是本书具有实践性的原因。

A.2 职业学校的机器人学习概要

在职业学校的“机械”和“电气”等内容的学习中，实际组装和操作机器人对于促进对学习的兴趣和理解是极其有效的。

因此，大阪府立淀川工科职业学校、大阪府立藤井寺工科职业学校、大阪府立城东工科职业学校、大阪市立都岛工科职业学校中，将 Robovie-MS 的制作（由株式会社国际电气通信基础技术研究所开发，由 Vstone 公司；http://www.vstone.co.jp）作为课上的一环，并在科学馆发表得到的成果，这一学习计划也得到日本科技厅的支持（2005 年地区科学馆合作项目“用于移动人形机器人的实用科学技术学习”）。

下面介绍几个与机器人学习相关的话题。

本书的机器人学习基本上是在职业高中 3 年级学生选修的“课题研究”的范围内进行的。标准的教学模式是组装 Robovie-MS 的工具包，利用工具包中配备的专用软件制作并执行动作。不过，在部分职业学校，为了让学生进一步学习制造（机械加工的学习）的基础知识，工具包中的零件换成了半成品，学生需要对它们进行去除毛刺、安装螺钉、弯曲加工等处理。另外，以一年级学生为对象的职业高中，考虑到真正的机器人组装还较为困难，所以准备了预先组装好的成品，只进行动作制作教学课程。让学生以 2～4 人为一组，配备一台 Robovie-MS。

每个学校的教学方式都有所差异，但都在 2005 年 9 月至 12 月的 4 个月时间里按本书进行教学，成果展示在 2006 年 2 月的成果发表会上。在科学馆（大阪科技馆）里，在中小学生面前，同学们演示了自己组装的机器人。

学习中使用的 Robovie-MS 的规格如下所示。

- 尺寸：高 280mm × 宽 180mm × 长 50mm（人形）。
- 重量：约 860g。
- 自由度：脚——5 自由度 ×2，手臂——3 自由度 ×2，头部——1 自由度，共计 17 自由度。
- 关节驱动：伺服电动机。
- 传感器：2 轴加速度传感器 ×1，关节角度传感器 ×17。
- 可选：陀螺仪传感器 ×1，遥控装置。

A.3　实现双脚行走

职业学校的学生在 Robovie-MS 的学习中最苦恼的事情就是让 Robovie-MS 用两只脚走路。以 Robovie-MS 为例，必须启动 17 个伺服电动机来制作步行动作。这时，需要考虑重心的位置、姿势平衡、脚触地时脚底的水平、地面与脚底的摩擦等。

另外，在大幅度的动作或快速动作等惯性作用的动作中，需要的力超出伺服电动机输出的上限，伺服电动机的停止转动的位置会超过预期的位置。特别是双脚行走，重心位置的移动量大，快走或大步走时，会产生很大的惯性，机器人在行走的过程中会失去平衡。这是使双脚行走变得困难的原因。

因此，步行需要从静态步行——慢慢行走开始。另外，某职业学校采取了在每一步动作之间插入姿势（动作暂停）等防止摔倒的对策。

A.4　脚的改良

作为机械加工学习的应用，都岛职业高中对 Robovie-MS 的腿部进行了单独改造，以防止它摔倒。我们来介绍一下这一方法。

1. 为了支撑脚踝，加装了弹簧来稳住整只脚

都岛职业高中内有一个团队制作了空手道习武的动作。如果机器人长时间运行，那么伺服电动机会发热，输出功率会降低，保持力变弱。特别是脚踝部分，由于该部分承受着机器人的全部体重，如果反复移动，稳定性就会下降，难以保持平衡。

因此，他们通过机械加工重新制作了脚底部分，并加工了弹簧，在支撑脚踝的伺服电动机上下了一定功夫（见图 A.1）。即使伺服电动机的保持力下降，机器人也能依靠这个弹簧支撑站稳。

2. 为了便于跳舞，实施了防滑措施

还有一个团队制作了能配合音乐跳舞的动作。为了能够让机器人顺利地跳起快节奏的舞，就需要想办法不让脚滑了。于是，他们采用机械加工的方式重新制作了脚底部分，并在脚底的一部分加工并粘贴上橡胶（见图 A.2）。这样一来，机器人不会打滑，还能很好地站稳，也能顺利地跳舞了。

图 A.1　加了弹簧的脚

图 A.2　防滑的脚底

A.5 成果发表会（演示活动）

职业学校的学生在科学馆（大阪科技馆）向中小学生和其他观众展示他们在课堂上制作的机器人，把现场当作他们的成果发表会。

演示的方法是，各学校、各小组分别登台，用 PowerPoint 说明自己所学习的内容，然后在专用的讲台（有一部分是普通的桌子）上操纵机器人移动。

有运行得较好的机器人，也有运行得不好的机器人，尤其让会场沸腾的是能够随着音乐跳舞的机器人。这个团队通过本次学习，非常熟练地掌握了与机器人相关的知识和技术。

另外，关于在众多中小学生面前进行发表，学生们分享了以下感想。

- 为了不在别人面前丢脸，认真确认了学过的东西，让机器人也能达到双脚走路的水平。
- 平时很少在很多人面前讲话，这次发表让我有了很好的经验。
- 知道了向别人说明并得到他们理解的难处。
- 亲身体验了让孩子们对机器人和机电一体化产生兴趣的意义。
- 看了其他学校的演示，了解了各个学校对机器人的学习方法。

由此可见，将这样一种不通过校内发表，而是通过其他学校的学生也参加，并在中小学生和其他观众面前发表的机会作为机器人学习的“收尾”是非常有效的。

A.6 成果发表会（机器人操作体验指导）

在成果发表会上，除了机器人的演示外，还设置了由职业学校的学生向中小学的学生讲授 Robovie-MS 操作的环节（见图 A.3）。

图 A.3 机器人操作体验指导场景

这就像俗话说的“教的过程也是学的过程”一样，如果没有真正理解内容就不能教对方，教的目的是重新确认学过的知识，进而加深对知识的理解。

发表会当天，中小学生在会场上按顺序排好队职业学校的学生向他们教授用遥控器操作机器人的方法（对于中小学生来说，用计算机制作动作比较困难，所以采用了遥控器进行操作的方法），并让他们体验了让机器人在 1.5m 的专用跑道上行走。

通过对中小学生的指导，进行指导的职业学校的学生对于学到的东西和这次发表会的收获，给出了以下感想。

- 能够亲眼看到孩子们对机器人产生兴趣。
- 看到了很多孩子们的笑容。
- 看到通过自己制作的动作，孩子们都很高兴。
- 以这次指导操作体验为契机，将来想从事与孩子打交道的工作。

另外，作为受教一方的中小学生，面对的老师不是大人而是职业学校的学生，会有怎样的感想呢？

我们可以看到像“比大人要好说话”，“如果对方是大人，那么我会紧张”，“平易近人”，“像哥哥一样”，“年龄相近”等肯定的意见。

A.7 机器人学习的评价

下面介绍各校指导教师和学生对机器人学习的评价。

1. 各校指导教师的评价

- 开始上课前，没有占用太多的事前说明时间，而是让学生阅读配套的说明书，自己动手操作，有不明白的地方就提问。
- 对学生来说，制作动作较为困难，需要一定的时间。
- 学生的反应是，喜欢这一内容的学生就会很热心去做，即使是不太感兴趣的学生，通过两个人一起制作动作等方式，也变得感兴趣了。
- 关于机器人的信息虽然很多，但实际操作机器人移动这部分内容还没有普及。这次的学习成为了对机器人产生兴趣的契机。
- 通过直接接触机器人，自己组装，对机器人的结构和构造有了更深的理解。
- 通过解决困难的作业，可以促使学生产生成就感和创造力，唤起他们对科学技术和制造的兴趣。

2. 学生的评价（自由描述）

对于整个课程：

- 能学到机器人的基础知识真是太好了。

- ❑ 通过这样的学习，可以直接接触机器人，真是太好了。
- ❑ 虽然很难，但经过思考后能达成目标就好了。
- ❑ 在动画中看到机器人的时候，就开始考虑如何制作了。
- ❑ 深切感受到 HONDA 的双脚步行机器人是一项了不起的技术。
- ❑ 我明白了让机器人完成在人类看来是不经意做的动作是多么困难。
- ❑ 让机器人学会走路花了一些时间，但很开心，感觉是大家一起合作完成的。
- ❑ 一开始觉得太难，提不起干劲，但慢慢就享受这一过程了。
- ❑ 从组装开始就相当难。程序使用也比想象中难，但思考起来很有趣。
- ❑ 了解到了让机器人走路的困难，希望对大学的研究有所帮助。
- ❑ 虽然在职业学校学的东西没怎么用上，但能学到新东西真是太好了。
- ❑ 为了能够超越“青少年机器人杯 2005 大阪大赛”上吸引了人们的目光的双脚步行机器人的机器人而努力。
- ❑ 因为喜欢机器人，所以能通过这样的学习接触到机器人真是太好了。今后也想通过这样的活动来推广机器人。

对于整个机器人：

- ❑ 如果用更强力的伺服电动机，就可以在站起身等动作方面下功夫了。
- ❑ 希望加强关节部分，提高自由度。
- ❑ 我觉得让机器人更耐用一些比较好。
- ❑ 如果脚有更多的自由度就好了。
- ❑ 如果再增加一个电动机，使机器人的腰部能够移动，就会有很大的改变。我想挑战各种各样的事情，比如最终可以尝试让机器人跳跃等。

对于动作：

- ❑ 我觉得在制作动作的时候如果有些主题之类的东西就好了。
- ❑ 在计算机屏幕上，软件如果有立体播放动作的功能，以及对其进行修正等功能，那么使用起来会比较方便。
- ❑ 如果能使用控制器等进行实时的自动演示就好了。
- ❑ 以前对组装很感兴趣，做了之后觉得编程更有趣。这次想从制作零件开始做起。
- ❑ 通过自己思考，用程序驱动机器人的部分很有趣。
- ❑ 关于编程方面，我想不使用软件，而是自己来进行角度调整。
- ❑ 想进一步了解伺服电动机按命令运转的原理。

A.8 关于术语的理解

关于对此次学习中使用的机器人相关技术术语的理解，在学习前后进行了问卷调查，得到了如表 A.1 所示的结果。在本次学习前后，理解程度有如下变化。

- 回答“既没有听说过，也不知道”的学生比例平均减少了 46%。
- 回答“听说过”的学生比例平均增加 52%。
- 回答“大概知道”的学生比例平均增加 92%。
- 回答“很了解”的学生比例平均增加了 51%。

表 A.1 技术术语理解度的变化

类别			关键词				
			变化的前后	这是什么，是怎样的一个内容，我很了解（也能向人解释）	这是什么，是怎样的一个内容，我大概了解（不能向人解释）	听说过，但不知道	既没有听说过，也不知道
硬件	传感器	加速度传感器	前	3%	17%	20%	60%
			后	4%	28%	35%	33%
		电位计	前	2%	6%	15%	77%
			后	3%	15%	29%	53%
		陀螺传感器	前	4%	10%	26%	60%
			后	8%	31%	36%	25%
	电动机	伺服电动机	前	10%	24%	20%	46%
			后	16%	47%	24%	13%
		自由度	前	2%	11%	16%	71%
			后	5%	24%	41%	30%
	CPU	存储器	前	18%	44%	26%	12%
			后	20%	50%	23%	7%
		运算处理	前	9%	37%	29%	25%
			后	7%	49%	26%	18%
软件	OS	Windows XP	前	23%	40%	19%	18%
			后	26%	45%	19%	10%
	程序	视觉效果编程	前	5%	9%	18%	68%
			后	5%	22%	37%	36%
		运动编辑器	前	3%	9%	22%	66%
			后	6%	20%	36%	38%
	信息处理	传感器信息处理	前	3%	11%	28%	58%
			后	5%	20%	40%	35%

A.9 总结

实习过程中介绍了利用双足步行机器人进行学习的方法，学生的反应非常良好。虽然让机器人用两只脚走路很困难，但是学生通过自己的思考和努力完成了挑战。

在这次实习中，学生思考机器人的动作，一边观察机器人的平衡，一边进行动作的调整。在这个过程中，面对的是重心和刚性的问题。一般而言，实现双足步行机器人行走困难的原因是，必须运行多个伺服电动机（Robovie-MS 要 17 个）来制作步行动作，以及需要考虑到重心的位置和姿态平衡，还有机器人与地面的摩擦等诸多因素。

学生对脚的部分进行了改造，此次教材中使用的 Robovie-MS 可以通过共用支架成为可组装的机器人。由于机器人可以从标准的人形变成恐龙形、机械臂形、四脚行走的犬形等，因此还可以考虑对其进行重组。

重心过高会增大机器人脚部电动机负载。快速步行或大步步行时负荷非常大，往往超出伺服电动机的上限，并使伺服电动机超过预期的旋转位置。这会导致机器人走路时动作和平衡都不稳定。

在 Robovie-MS 身上，为了降低重心，可以像图 A.4 那样更换脚部件的支架。虽然活动范围变小了，但是像这样缩短脚的长度，脚的伺服电动机的负荷就会减少。此外，机器人的全长与脚掌面积的比例也会增大，因此稳定性也会增加。

另外，还可以通过改变伺服电动机的轴配置来降低刚性和重心，从而进一步改善机器人。图 A.5 是改变了上半身的伺服电动机的轴配置，并减少了脚上的伺服电动机数量。

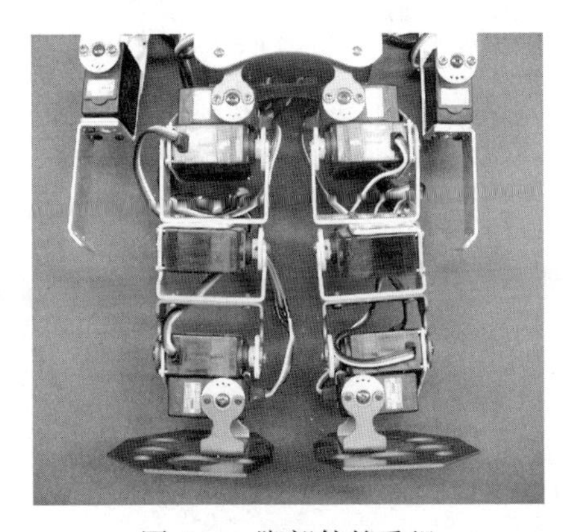

图 A.4 脚部件的重组

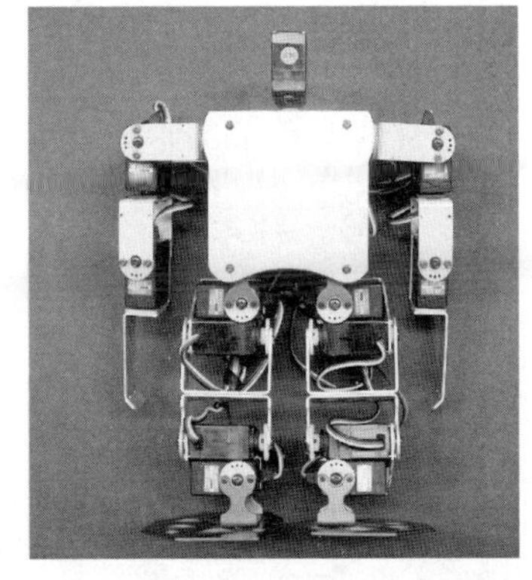

图 A.5 伺服电动机轴配置的变更

通过改变上半身的轴配置，可以降低重心并减轻重量。通过减少脚上的电动机数量，可以降低重心，还可以抑制电动机齿隙的累积，从而增加稳定度。另外，由于在制作动作程序时控制的电动机数量减少，动作制作也变得更为容易。

像这样，在机器人的制作实践中，可以学到改变机器人的构造等各种方法。在制作双足步行机器人时，首先要好好规划想让机器人做什么（运动、表现），然后再考虑机器人的结构。除此之外，考虑降低重心、减轻重量、提高刚性等方面，就可以制造出更稳定的机器人。